高等学校教材

普通无机化学实验

尹德忠 主编

西北工业大学化学实验教学示范中心 编

西北工业大学出版社

西安

【内容简介】 本书内容包括化学实验常识、基础训练实验、参数测定实验、物质性质实验、物质合成实验、综合应用实验、智能仿真实验 7 部分，收录实验 26 个。本书紧密结合了大学普通化学、无机化学理论教学的知识点，由基础操作开始，逐步深入到单项实验训练，再扩展到综合应用实验训练。部分实验设有设计实验内容，可进一步培养学生发现问题、解决问题的能力。附录给出了常见溶液配制方法及常用数据等内容，便于读者查询。

本书可作为普通高等学校化学、化工及相关专业的普通化学实验、无机化学实验课程教材，也可供从事化学相关专业的工作人员及研究人员参考阅读。

图书在版编目(CIP)数据

普通无机化学实验 / 尹德忠主编. —— 西安 : 西北工业大学出版社, 2024.8. — ISBN 978 - 7 - 5612 - 9436 - 9

Ⅰ. O6-3

中国国家版本馆 CIP 数据核字第 2024LR6577 号

PUTONG WUJI HUAXUE SHIYAN

普 通 无 机 化 学 实 验

尹德忠　主编

责任编辑：王玉玲		策划编辑：杨　军	
责任校对：张　潼		装帧设计：高永斌　李　飞	

出版发行：西北工业大学出版社
通信地址：西安市友谊西路 127 号　　邮编：710072
电　　话：(029)88491757，88493844
网　　址：www.nwpup.com
印 刷 者：西安浩轩印务有限公司
开　　本：787 mm×1 092 mm　　1/16
印　　张：8
字　　数：200 千字
版　　次：2024 年 8 月第 1 版　　2024 年 8 月第 1 次印刷
书　　号：ISBN 978 - 7 - 5612 - 9436 - 9
定　　价：39.00 元

如有印装问题请与出版社联系调换

前　言

化学作为实践型学科，无论是化学研究还是化学应用，脱离了实验都将一无所成。

在化学专业人才培养过程中，化学实验的作用也无可替代。因此，大量高等院校开设普通化学实验、无机化学实验等基础化学实验课程，作为连接中学化学和大学化学的桥梁，在大学教学过程中起着承上启下的作用，并培养学生严谨的科学态度、正确规范的操作技能和良好的实验习惯。

本教材根据国内部分高等学校对普通无机化学实验的定位及化学实验特点，并结合笔者多年实践经验编写而成。本教材具有以下特点：

(1)拓展模块跨度，适应高考改革和新质生产力提升要求。

本教材在前面部分适度编写了基础化学实验的内容，注重与中学化学实验教学紧密衔接，并在各实验增加对应基础知识介绍。后面逐渐拓展到化学制备实验和化学综合应用实验，突出应用性、工程性，适应新质生产力提升要求。

(2)精选实验项目，强调训练规范性和知识体系完整性。

在注重基础性、规范性的同时，本教材依据训练层次，从基础操作开始，逐步深入到单项实验训练，再扩展到综合应用训练。同时，本教材精选各部分的实验项目，涵盖基础无机化学理论教学的重要知识点，形成完整的实验知识体系。

全书由尹德忠担任主编，负责全书的模块设计、实验选定、内容规划和统稿、校稿工作。全书8个部分由西北工业大学化学实验教学示范中心的成员编写：第一部分为化学实验常识，由尹德忠、王欣编写；第二部分为基础训练实验，由邱华统稿，邱华(实验3、实验5)、尹德忠(实验4)、岳红(实验2)、郑华(实验1)负责编写；第三部分为参数测定实验，由刘建勋统稿，刘建勋(实验8、实验10)、尹德忠(实验7,实验9)、欧植泽(实验6)负责编写；第四部分为物质性质实验，由尹常杰统稿，尹常杰(实验11、实验14)、郑华(实验13)、尹德忠(实验12)负责编写；第五部分为物质合成实验，由颜静统稿，颜静(实验16、实验17)、王欣(实验15)、尹德忠(实验18)负责编写；第六部分为综合应用实验，由李春梅统稿，李春梅(实验21、实验22)、刘根起(实验19)、尹德忠(实验20)负责编写；第七部分为智能仿真实验，包含4个仪器仿真实验,由胡小玲、管萍、苏克和负责编写;附录部分由王景霞负责整理。

编写本书曾参阅了相关文献、资料,在此谨向其作者深表谢意。

由于水平有限,书中难免有疏漏和不足之处,恳请读者批评指正。

编 者

2024 年 2 月

目　录

第一部分　化学实验常识 …………………………………………………………… 1
　一、化学实验的目的和学习方法 ……………………………………………… 1
　二、化学实验守则和安全守则 ………………………………………………… 2
　三、化学安全事故处理 ………………………………………………………… 3
　四、化学器皿的基本操作 ……………………………………………………… 6
　五、误差和数据处理 …………………………………………………………… 9

第二部分　基础训练实验 …………………………………………………………… 13
　实验 1　无机化合物的性质 …………………………………………………… 13
　实验 2　理想气体常数的测定 ………………………………………………… 17
　实验 3　食盐提纯实验 ………………………………………………………… 21
　实验 4　溶液化学实验 ………………………………………………………… 24
　实验 5　化学反应热效应的测定 ……………………………………………… 27

第三部分　参数测定实验 …………………………………………………………… 33
　实验 6　化学反应速率与活化能的测定 ……………………………………… 33
　实验 7　分光光度法测定溴百里酚蓝的解离常数 …………………………… 38
　实验 8　电位法测定配离子的配位数及稳定常数 …………………………… 43
　实验 9　分光光度法测定碘酸铜的溶度积常数 ……………………………… 45
　实验 10　醋酸浓度和解离常数的测定 ………………………………………… 48

第四部分　物质性质实验 …………………………………………………………… 53
　实验 11　缓冲溶液的配制与性质实验 ………………………………………… 53
　实验 12　容量法测定银氨配离子的配位数及稳定常数 ……………………… 58
　实验 13　电化学及其应用 ……………………………………………………… 61
　实验 14　过渡金属元素性质实验 ……………………………………………… 66

第五部分　物质合成实验 ·········· 72

实验 15　三草酸合铁(Ⅲ)酸钾配合物的合成与光敏性实验 ·········· 72
实验 16　三氯化六氨合钴的制备及其组成测定 ·········· 75
实验 17　磷酸一氢钠、磷酸二氢钠的制备及检验 ·········· 79
实验 18　硫酸亚铁铵的制备与 Fe^{3+} 限量比色分析 ·········· 82

第六部分　综合应用实验 ·········· 86

实验 19　目视催化动力学法测定钼(Ⅵ) ·········· 86
实验 20　从废电池中回收锌皮制备硫酸锌 ·········· 90
实验 21　含铬废水的处理 ·········· 93
实验 22　废铝制备铝的化合物、组成测定及应用研究 ·········· 96

第七部分　智能仿真实验 ·········· 103

实验 23　气相色谱-质谱联用仪智能仿真 ·········· 103
实验 24　光谱智能仿真 ·········· 104
实验 25　核磁共振谱仪智能仿真 ·········· 108
实验 26　X 射线衍射仪智能仿真 ·········· 109

附录 ·········· 112

附录一　化学试剂的规格及选用 ·········· 112
附录二　常用酸碱溶液的密度和浓度(15 ℃) ·········· 112
附录三　常见离子的颜色 ·········· 113
附录四　国际相对原子质量 ·········· 114
附录五　常用酸碱指示剂及配制方法 ·········· 115
附录六　常用 pH 缓冲溶液的配制 ·········· 116
附录七　不同温度下水蒸气的压力 ·········· 117
附录八　各种压力下水的沸点 ·········· 118
附录九　水的密度 ·········· 118
附录十　标准电极电势(25 ℃) ·········· 118
附录十一　一些配离子的稳定常数 ·········· 120
附录十二　一些常见弱电解质的解离常数(298.15 K) ·········· 120
附录十三　一些常见物质的溶度积(298.15 K) ·········· 121

参考文献 ·········· 122

第一部分　化学实验常识

一、化学实验的目的和学习方法

(一)化学实验的目的

化学是一门以实验为基础的自然科学。实验是化学课程不可缺少的一个重要组成部分,是培养学生动手、观察、分析和解决问题等多方面能力的重要环节。

(1)化学实验是理解化学原理的基础。通过实验课,学生可以深入理解、巩固课堂所学的理论知识,并适当扩大知识面,训练理论联系实际和分析、解决问题的能力。

(2)化学实验是发现新物质和新反应的关键。化学是一门不断被探索的学科,实验是推动化学发展的重要手段,许多重要的化学理论和发现都是通过实验得到的。

(3)化学实验是提升实践技能的重要环节。通过实验,学生可正确地掌握化学实验基本操作技能,正确地使用常用仪器,培养并提高观察分析、数据处理和报告撰写能力。

(4)化学实验是培养科学思维和创新精神的重要途径。通过实验,学生可形成严格认真、实事求是的科学态度,养成准确细致、整齐清洁的良好习惯,逐步掌握科学研究的方法。

(二)化学实验的学习方法

要达到实验预期目的,必须有正确的学习态度和学习方法。就共性而言,化学实验的学习方法主要包括以下几方面。

1. 课前预习

预习是实验课前必须完成的准备工作,是做好实验的前提。为了确保实验质量,预习应达到下列要求:

(1)阅读实验教材和理论课教材的有关内容,明确本次实验的目的和全部内容,掌握相关理论知识。

(2)了解实验操作过程和实验注意事项。

(3)查出与实验有关的数据,列出简明的操作步骤和方法,写出预习报告。

2. 认真操作

根据实验教材上所规定的方法、步骤和试剂用量进行操作,并做到下列几点:

(1)严格按照教材操作,细致观察实验现象,并如实做好记录。

(2)若发现意外现象,应独立思考、分析,查找原因,有疑问时可互相讨论或询问教师,并重做实验。

(3)对于设计性实验,方案要合理,现象要清晰。若在实验中发现设计方案存在问题,应找出原因,及时修改方案,直至达到实验要求。

(4)严格遵守实验室工作守则,注意安全,实验中应保持安静,实验台应保持整洁。

(5)实验完毕后,必须经过教师检查并签字后方可离开实验室。

3. 写好实验报告

实验课后,按时完成实验报告,具体要求如下:

(1)简述实验有关原理和主要反应方程式。

(2)实验步骤简明扼要、清晰明了,尽量采用表格、框图、符号等形式表示。

(3)对实验现象描述准确、清楚,数据记录正确、完整,绝不允许主观臆造或弄虚作假。

(4)对实验现象加以简明解释,写出主要的反应方程式,并得出结论。

(5)定量实验应准确计算结果,并列出有关计算公式,最后要计算实验误差并分析误差原因。

(6)实验报告应结构完整、文字简练、书写整洁。

二、化学实验守则和安全守则

(一)化学实验守则

(1)实验前必须进行充分预习,要求如下:

a. 了解本实验目的、实验原理及实验的主要内容。

b. 了解实验所用仪器的正确操作方法和注意事项。

c. 在预习的基础上写出预习报告。预习报告包括实验目的、简单原理、实验步骤及数据记录等。预习报告交指导教师检查。

(2)到实验室后首先熟悉实验室环境、布置和各种设施的位置,清点仪器。

(3)应在指定位置进行实验,保持室内安静,不大声谈笑。实验过程中应细心观察现象,认真并实事求是地记录实验现象和测量数据。积极思考,独立完成各项实验任务。

(4)实验仪器是国家财物,务必爱护,谨慎使用,有损坏要报告教师。

(5)使用精密仪器时,必须严格按照操作规程操作,遵守注意事项。若发现异常情况或故障应立即停止使用,报告教师,找出原因,排除故障。

(6)使用试剂时应注意下列几点:

a. 试剂应按实验指导书中规定的规格、浓度和用量取用,以免浪费。若实验指导书中未规定用量或在自行设计的实验中使用试剂,应尽量少用,注意节约。

b. 取用固体试剂时,勿使其撒落在实验容器外。

c. 公用的试剂在使用后应立即放回原处。

d. 试剂瓶的滴管和瓶塞是配套使用的,用后立即放回原瓶,避免"张冠李戴"。

e. 使用试剂时要遵守正确的操作方法,避免污染试剂。

f. 指定回收的药品要倒入回收瓶内,废液或残渣要倒入废液缸内,不可倒入水槽。

(7)注意安全操作,遵守安全守则。

(8)实验完毕应将仪器洗净,放置整齐并请教师检查。实验数据及记录须经教师现场审阅后方可离开实验室。实验报告应按期完成并交教师批阅。

(9)实验结束后,应将实验台面整理干净,洗净双手,关闭水、电、气、门、窗等,确保安全。

(10)值日生负责清扫实验室,关闭水、电、气总阀,经教师同意后再离开实验室。

(二)化学实验室安全守则

化学实验室中许多试剂易燃、易爆,具有腐蚀性或毒性,存在着安全风险,所以进行化学实验时,必须重视安全问题,绝不可麻痹大意。实验过程中,要严格遵守下列安全守则:

(1)实验室内严禁吸烟、饮食、大声喧哗、打闹。

(2)不得随意混合各种试剂药品,以免发生意外事故。

(3)对于产生有毒和有刺激性气体的实验,应在有通风设备的地方进行。嗅闻气体时,应用手轻拂气体,把少量气体扇向自己再闻,不能将鼻孔直接对着瓶口。

(4)对于含有易挥发和易燃物质的实验,必须在远离火源的地方(最好在通风橱内)进行。

(5)加热试管时,不要将试管口对着自己或他人,也不要俯视正在加热的液体,以免液体溅出受到伤害。

(6)洗液、浓酸和浓碱等具有强腐蚀性,应避免洒在衣服和皮肤上,以免灼伤。

(7)使用汞盐、铅盐、砷盐、氰化物和氟化物等有毒物质时,要严防进入口内或接触伤口,也不能随便倒入水槽,应回收处理。

(8)稀释浓硫酸时,应将浓硫酸慢慢注入水中,并不断搅动。切勿将水倒入浓硫酸中,以免迸溅,造成灼伤。

(9)不要用湿手触摸电器设备,以防触电。用电应遵守用电规程。

(10)实验室所有仪器和药品(包括制备的产品)不得带出室外,用毕应放回原处。

三、化学安全事故处理

(一)化学药品中毒的应急处理

1. 一般应急处理方法

化学药品中毒,要根据化学药品的毒性特点及中毒程度采取相应措施,并及时送医院治疗。

(1)吸入时的处理方法。

应先将中毒者转移到室外,解开衣领和纽扣,让患者进行深呼吸,必要时进行人工呼吸。待好转后,立即送医院治疗。

(2)吞食药品时的处理方法。

a. 为了降低胃液中药品的浓度,延缓毒物被人体吸收的速度并保护胃黏膜,可食用牛奶,打溶的鸡蛋,面粉、淀粉、土豆泥的悬浮液以及水等。也可在 500 mL 的蒸馏水中加入 50 g 活性炭,用前再加 400 mL 蒸馏水,并充分摇动润湿,然后给中毒者分次少量吞服。一般 10~15 g 活性炭可吸收 1 g 毒物。

b. 催吐。用手指或汤匙柄摩擦患者的喉头或舌根,使其呕吐。若用上述方法还不能催吐时,可在半杯水中加入 15 mL 吐根糖浆(催吐剂之一),或在 80 mL 热水中溶解一茶匙食盐饮服。若不慎吞食酸、碱之类腐蚀性药品或烃类液体,易形成胃穿孔,吐出胃中的食物时,食物易进入气管造成危险,因而不可进行催吐。

2. 常见化学药品中毒的应急处理方法

(1) 若吸入氨气,应立即将中毒者转移到室外空气新鲜的地方,然后输氧。当氨气进入眼睛时,让中毒者躺下,用水洗涤眼角膜 5~8 min 后,再用稀醋酸或稀硼酸溶液洗涤。

(2) 若吸入卤素气体,应立即将中毒者转移到室外空气新鲜的地方,保持安静。吸入氯气时,给中毒者嗅 1:1 的乙醚与乙醇的混合蒸气。若吸入溴蒸气,则应给中毒者嗅稀氨水。

(3) 若吸入二氧化硫、二氧化氮、硫化氢气体,应立即将中毒者转移到室外空气新鲜的地方,保持安静。药品进入眼睛时,应用大量水冲洗,并用水洗漱咽喉。

(4) 汞(致命剂量 70 mg $HgCl_2$)。吞服汞后,应立即洗胃,也可口服生蛋清、牛奶和活性炭作沉淀剂;导泻用 50% 硫酸镁。常用的汞解毒剂有二巯基丙醇、二巯基丙磺酸钠。

(5) 氰(致命剂量 0.05 g)。吸入氰化物后,应立即将中毒者转移到室外空气新鲜的地方,使其横卧,然后将沾有氰化物的衣服脱去,立即进行人工呼吸。吞食氰化物后,同样应将中毒者转移到空气新鲜的地方,并用手指或汤匙柄摩擦中毒者的舌根部,使之立刻呕吐,绝不要等待洗胃工具到来才处理,因为中毒者在数分钟内即有死亡的危险。每隔 2 min 给中毒者吸入亚硝酸异戊酯 15~30 s,这样氰基便与高铁血红蛋白结合,生成无毒的氰络高铁血红蛋白。接着再给中毒者饮用硫代硫酸盐溶液,使氰络高铁血红蛋白解离,并生成硫氰酸盐。

(6) 甲醛(致命剂量 60 mL)。吞食甲醛后,应立即服用大量牛奶,再用洗胃或催吐等方法进行处理,待吞食的甲醛排出体外,再服用泻药。如果有条件,可服用 1% 的碳酸铵水溶液。

(7) 乙醛(致命剂量 5 g)和丙酮。吞食乙醛或丙酮后,可用洗胃或服用催吐剂的方法除去胃中的药物,随后应服泻药。若呼吸困难,应给中毒者输氧。丙酮一般不会引起严重的中毒。

(8) 甲醇(致命剂量 30~60 mL)。吞食甲醇后可用 1%~2% 的碳酸氢钠溶液充分洗胃,然后将中毒者转移到暗室,以控制二氧化碳的结合能力。为了防止酸中毒,每隔 2~3 h 吞服 5~15 g 碳酸氢钠。同时,为了阻止甲醇代谢,在 3~4 d 内,每隔 2 h,以平均每公斤体重 0.5 mL 的量口服 50% 的乙醇溶液。

(9) 酚类化合物(致命剂量 2 g)。吞食酚类化合物后,应立即给中毒者饮自来水、牛奶或吞食活性炭,以减缓毒物被吸收的程度,然后反复洗胃或进行催吐,再口服 60 mL 蓖麻油和硫酸钠溶液(将 30 g 硫酸钠溶于 200 mL 水中)。千万不可服用矿物油或用乙醇洗胃。

(二)化学药品灼伤的应急处理

被化学药品灼伤时,要根据药品性质及灼伤程度采取相应措施。

(1)若试剂进入眼中,切不可用手揉眼,应先用布擦去溅在眼外的试剂,再用水冲洗。若是碱性试剂,需再用饱和硼酸溶液或1‰醋酸溶液冲洗;若是酸性试剂,需先用碳酸氢钠稀溶液冲洗,再滴入少许蓖麻油。若一时找不到上述溶液而情况危急时,可用大量蒸馏水或自来水冲洗,再送医院治疗。

(2)当皮肤被强酸灼伤时,首先应用大量水冲洗10~15 min,以防止灼伤面积进一步扩大,再用饱和碳酸氢钠溶液或肥皂液进行洗涤。当皮肤被草酸灼伤时,不宜使用饱和碳酸氢钠溶液进行中和,这是因为碳酸氢钠碱性较强,会产生刺激,应当使用镁盐或钙盐进行中和。

(3)当皮肤被强碱灼伤时,尽快用水冲洗至皮肤不滑为止,再用稀醋酸或柠檬汁等进行中和。当皮肤被生石灰灼伤时,则应先用油脂类的物质除去生石灰,再用水进行冲洗。

(4)当皮肤被液溴灼伤时,应立即用2%硫代硫酸钠溶液冲洗至伤处呈白色,或先用酒精冲洗,再涂上甘油。眼睛受到溴蒸气刺激不能睁开时,可对着盛酒精的瓶内注视片刻。

(5)当皮肤被酚类化合物灼伤时,应先用酒精洗涤,再涂上甘油。

(三)起火与爆炸的应急处理

实验室起火或爆炸时,要立即切断电源,打开窗户,熄灭火源,移开尚未燃烧的可燃物,根据起火或爆炸原因及火势采取不同方法灭火并及时报告。

1.灭火方法

(1)地面或实验台面着火,若火势不大,可用湿抹布或砂土扑灭。

(2)反应器内着火,可用灭火毯或湿抹布盖住瓶口灭火。

(3)有机溶剂和油脂类物质着火:火势小时,可用湿抹布或砂土扑灭,或撒上干燥的碳酸氢钠粉末灭火;火势大时,必须用二氧化碳灭火器、泡沫灭火器或四氯化碳灭火器扑灭(四氯化碳蒸气有毒,应在空气流通的情况下使用)。

(4)电起火,立即切断电源,用二氧化碳灭火器或四氯化碳灭火器灭火。

(5)衣服着火,切勿奔跑,应迅速脱衣,用水浇灭;若火势过猛,应就地卧倒并打滚灭火。

(6)遇有触电事故,应立即切断电源,必要时对触电者进行人工呼吸,对伤势较重者,应立即送医院。

2.烧伤现场急救的基本原则

(1)迅速脱离致伤源。迅速脱去着火的衣服或采用水浇灌或卧倒打滚等方法熄灭火焰。切忌奔跑喊叫,以防增加头面部、呼吸道损伤。

(2)立即冷疗。冷疗是用冷水冲洗、浸泡或湿敷。为了防止发生疼痛和细胞损伤,烧伤后应迅速采用冷疗的方法(在6 h内有较好的效果)。冷却水的温度应控制在10~15 ℃,冷却时间至少为0.5~2 h。对于不便洗涤的脸及躯干等部位,可用自来水润湿2~3条毛巾,包上冰片,敷在烧伤面上,并经常移动毛巾,以防同一部位过冷。若患者口腔疼痛,可口含冰块。

(3)保护创面。现场烧伤创面无需特殊处理。尽可能完整保留水疱皮,不要撕去腐皮,同时要用干净的棉布进行简单包扎。创面忌涂有颜色药物及其他物质,如龙胆紫、红汞、酱油等,也不要涂膏剂(如牙膏等),以免影响医生对创面深度的判断和处理。

(四)玻璃割伤的应急处理

化学实验室中最常见的外伤是由玻璃仪器或玻璃管的破碎引发的。作为紧急处理,首先应止血,以防大量流血引起休克。原则上可直接压迫损伤部位进行止血。即使动脉损伤,也可用手指或纱布直接压迫损伤部位止血。

由玻璃片或玻璃管造成的外伤,首先必须检查伤口内有无玻璃碎片,以防压迫止血时将碎玻璃片压得更深。若有碎片,应先用镊子将玻璃碎片取出,再用消毒棉花和硼酸溶液或双氧水洗净伤口,然后涂上红汞或碘酒(两者不能同时使用)并包扎好。若伤口太深,流血不止,可在伤口上方约 10 cm 处用纱布扎紧,压迫止血,并立即送医院治疗。

四、化学器皿的基本操作

(一)玻璃仪器的洗涤

为了使实验得到正确的结果,实验仪器必须洗干净。已洗净的玻璃仪器壁上,只留下一薄层均匀的水膜,而不挂水珠。一般洗涤方法如下:

(1)在试管(或量筒)内,倒入约占试管(或量筒)总容量 1/3 的自来水,振摇片刻,倒出。倒入等量的自来水,再振摇片刻后,倒掉。然后用少量蒸馏水洗涤试管(或量筒)一次(必要时可增加冲洗次数),即可用来做实验。

(2)试管用水不能冲洗干净时,可用试管刷刷洗。注意试管刷在盛水的试管里转动和上下移动时,用力不可过猛,以防把试管底捅破。

(3)若试管或玻璃仪器内壁附有油污,需先用去污粉或肥皂擦洗,再用自来水冲洗,最后用蒸馏水洗涤 1~2 次才可使用。

(二)试剂的取用

1. 从细口试剂瓶取用液体试剂的方法

取下瓶塞并将其放在台上。用左手握住容器,右手拿起试剂瓶,注意试剂瓶上的标签对着手心,倒出所需量的试剂(见图 1-1)。倒完后,将试剂瓶口在容器上靠一下,以免留在瓶口上的试剂流到试剂瓶外壁。必须注意,倒完试剂后,要将瓶塞立即盖在原来的试剂瓶上,再把试剂瓶放回原处。

2. 从滴瓶中取用少量液体试剂的方法

瓶上装有滴管的试剂瓶称为滴瓶。滴管上部装有橡皮乳头,下部为细长的管子。使用时,提起滴管,使管口离开液面。用手指紧捏滴管上的橡皮乳头,以赶出滴管中的空气,然后把滴管伸入液面下,放开手指,吸入试剂,再提起滴管,将试剂滴入所需容器内。

使用滴瓶时,必须注意:

(1)将试剂滴入试管时,必须将滴管悬空地放在靠近试管口的上方处使试剂滴入(见图1-2)。绝对禁止将滴管伸入试管中,否则,滴管的管端将很容易碰到试管壁而沾附其他溶液,如果再将此滴管放回试剂瓶中,则试剂将被污染,不能再使用。

(2)滴瓶上的滴管只能专用,不能和其他滴瓶上的滴管混用。因此,使用后,应立刻将滴管插回原来的滴瓶中。

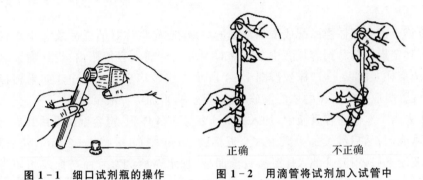

图1-1 细口试剂瓶的操作　　　图1-2 用滴管将试剂加入试管中

(三)移液管的使用

移液管用于量取一定体积的溶液,有单刻度、复刻度等多种规格。使用移液管前应仔细洗净,并用少量待吸溶液润洗2~3次以除去留在管内的水分,保证被吸溶液的浓度不变。

吸取溶液时,用右手大拇指和中指拿住移液管上部,将移液管下部插入溶液,注意不要接触容器底。然后左手用洗耳球将溶液吸至刻度以上1~2 cm处,迅速用食指堵住移液管上口,提高移液管,使其下部尖端与瓶颈内壁接触,稍微放松食指(不要离开),让溶液慢慢流出,调节使溶液弯月面与刻度相切(注意眼睛与刻线在同一水平面上),立刻压紧上口,不再让溶液流出。将移液管垂直放入接受溶液的容器中,管尖与容器内壁接触,放松食指让溶液自然流下(使用移液管手法见图1-3)。流毕,等候约15 s,取出移液管。残留在管尖的溶液,在校正刻线时已经考虑,不计在流出体积之内,所以不必用洗耳球吹出。

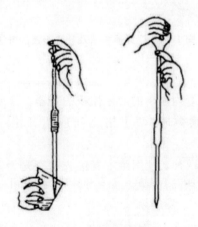

图1-3 移液管的使用

(四)容量瓶的使用

容量瓶是细颈梨形的平底瓶,带有磨口塞。其颈部有标线,表示在所指温度(一般为 20 ℃)下,当液体充满到标线时,液体体积恰好与瓶上所注明的体积相等。容量瓶是配制准确浓度溶液的容量容器。

(1)洗涤。依次用洗液、自来水、去离子水洗净容量瓶,内壁应不挂水珠,水均匀润湿容量瓶内壁。

(2)转移。欲将固体样品配成准确浓度的溶液,应先将称好的样品放在小烧杯中,用水溶解,再将其定量地转移到容量瓶中。转移时用玻璃棒插入容量瓶内,烧杯嘴紧靠玻璃棒,然后用水洗烧杯 3 次以上,洗涤液按图 1-4 所示方法转移至容量瓶中。如果稀释浓溶液,则先用移液管吸取一定体积的浓溶液放入容量瓶中,再加稀释液至标线。

(3)加去离子水。在容量瓶中,加入去离子水至 3/4 体积,将容量瓶平摇几次(勿倒转),使溶液大体混匀,然后继续加去离子水至近标线 1 cm 左右,等待 1~3 min,使沾附在瓶颈内壁的溶液流下后,用滴管伸入瓶颈接近液面处,加水至溶液弯月面与标线相切为止,盖紧塞子。

(4)摇匀。左手食指按住瓶塞,右手托住瓶底,将容量瓶倒置数次并加以振荡,以保证溶液完全均匀。

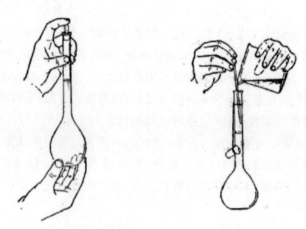

图 1-4 容量瓶拿法及转移溶液的方法

(五)滴定管的使用

滴定管是用来准确测量管内流出的液体体积的仪器。常见的滴定管每一大格为 1 mL,每一小格为 0.1 mL。在读数时,两小格之间应估计出一位数,所以滴定管能测量至 0.01 mL。

滴定管分为酸式和碱式两种。使用滴定管前先检查是否漏水。如果酸式滴定管漏水,则需在磨口上均匀涂抹凡士林;如果碱式滴定管漏水,则需更换乳胶管。最后再次检查是否漏水。

(1)洗涤。依次用洗液、自来水、去离子水洗净,最后用少量所装溶液洗 3 次(每次都要冲洗尖嘴部分),每次液量为5~10 mL。洗涤时要两手平端滴定管,不断转动,使洗涤液体布满滴定管。

(2)装液。把溶液装至滴定管零刻度线以上。滴定管垂直地夹在滴定管夹上。酸式滴定管开启旋塞,碱式滴定管橡皮管稍弯向上,挤压玻璃圆珠(见图1-5),使滴定剂流出,赶走下端空气泡。

(3)滴定管的握持姿势及滴定操作。对酸式滴定管用左手拇指、食指和中指旋转活塞,手心空握(见图1-6),以免顶出活塞使溶液从活塞缝隙中渗出;对碱式滴定管用左手拇指和食指捏住胶管中玻璃球所在部位旁侧,轻捏软胶管,使胶管与玻璃球之间形成一条缝隙,溶液即可流出。注意不能捏折玻璃球下方,否则在放手时会在玻璃管嘴中出现气泡。

滴定时应使滴定管尖嘴部分插入锥形瓶瓶口下方1~2 cm。滴定速度不能太快,以每秒3~4滴为宜,切不可成液柱流下,边滴边摇,锥形瓶应向同一方向做圆周旋转而不应前后振动,如图1-7所示。临近终点时,应一滴一滴地加入溶液。

(4)读数。滴定前后均应记录读数,读数必须准确到0.01 mL。读数时,应注意等待1~2 min,使附着在内壁上的溶液流下后才能读数,视线应与弯月面最低点在同一水平面上。为减少测量误差,每次滴定应从0.00开始或从接近零的任一刻度开始。

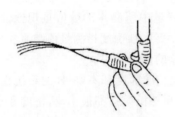　　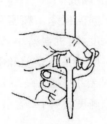　　

图1-5　逐出气泡法　　图1-6　酸式滴定管的握持姿势　　图1-7　滴定操作

五、误差和数据处理

(一)误差的概念

实验测量值和真实值之间总会存在或多或少的偏差,这种偏差就称为测量值的误差。受测量仪器的灵敏度与分辨能力的局限,加上环境的稳定性和人的精神状态等因素的影响,实验测量中测得的一切数据都毫无例外地包含一定的误差。

1.系统误差和偶然误差

误差可以被分为系统误差和偶然误差(随机误差)。

在同一条件(观察方法、仪器、环境、观察者不变)下多次测量同一物理量时,符号和绝对值保持不变的误差叫系统误差。系统误差反映了多次测量总体平均值偏离真值的程度。例如,当我们的手表走得很慢时,测出每一天的时间总是小于24 h。系统误差可能由仪器、理论方法、外界环境和观测者在测量过程中的不良习惯造成。

除系统误差以外,在同一条件下,多次测量同一物理量时,测量值总是有稍许差异而变化不定,这种绝对值和符号经常变化的误差称为偶然误差。偶然误差的规律是:正误差和负误差出现的机会相同,绝对值小的误差比绝对值大的误差出现的机会多。在一定测量条件下,增加测量次数,可以减小偶然误差。

2. 绝对误差和相对误差

测量值与被测量真实值之差称为绝对误差,它反映了测量值偏离真实值的大小。在同一测量条件下,绝对误差可以表示一个测量结果的可靠程度;但比较不同测量结果时,用绝对误差不能正确比较不同测量值的可靠性,如两物体的测量值分别是 0.1 m 和 1 000 m,绝对误差分别是 0.01 m 和 1 m。

绝对误差在真实值中所占的比例叫作相对误差,常以百分比表示,即

$$相对误差 = \frac{绝对误差}{真实值} \times 100\%$$

相对误差与被测值的大小无关,通常用它来反映测量值与真实值之间的偏差程度。

3. 精密度和准确度

测量的质量和水平可以用误差来描述,也可以用准确度来描述。为了指明误差的来源和性质,可将其分为精密度和准确度。

精密度与准确度是两个不同的概念。精密度指在测量中所测得的数值重现性的程度。它可以反映随机误差的影响程度,随机误差小,则精密度高。准确度指测量值与真实值之间的符合程度。它反映了测量中所有系统误差和随机误差的综合效果。

在图1-8中,A的系统误差小,随机误差大,精密度、准确度都不好;B的系统误差大,随机误差小,精密度很好,但准确度不好;C的系统误差和随机误差都很小,精密度和准确度都很好。

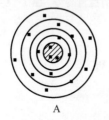
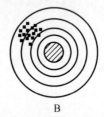
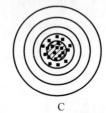

A　　　　　　　B　　　　　　　C

图 1-8　精密度与准确度

(二)实验数据的记录和有效数字

实验测量中所使用的仪器仪表只能达到一定的精度,因此测量或运算的结果不可能也不应该超越仪器仪表所允许的精度范围。反映被测量实际大小的数字称为有效数字。一般从仪器上读出的数字均为有效数字,它和小数点的位置无关。有效数字的位数是由测量仪器的精度确定的,它由准确数字和最后一位有误差的数字组成。

在测量时,对于连续读数的仪器,有效数字读到仪器最小刻度的下一位的估计值,不论估计值是否是"0"都应记录,不能略去。单位变换时有效数字的位数保持不变。有效数字只能具有一位存疑值(错误认识:小数点后面的数字越多就越正确,或者运算结果保留位数越

多越准确)。例如：用最小分度为 1 cm 的标尺测量两点间的距离,得到 9 140 mm、914.0 cm、9.140 m、0.009 140 km,其精确度相同,但由于使用的测量单位不同,小数点的位置就不同。

在有效数字的表示中,应注意非零数字前面和后面的零。0.009 140 km 前面的三个零不是有效数字,它与所用的单位有关。非零数字后面的零是否为有效数字,取决于最后的零是否用于定位。

例如：由于标尺的最小分度为 1 cm,故其读数可以到 1 mm(估计值),因此 9 140 mm 中的零是有效数字,该数值的有效数字是四位。

有效数字进行加、减法运算时,有效数字的位数与各因子中有效数字位数最小的相同。例如：397.8＋7.625－312.419 8＝93.0。进行乘、除法运算时,两个量相乘(相除)的积(商),其有效数字位数与各因子中有效数字位数最少的相同。例如：78.625×9.06÷11.38＝62.6。在乘方、开方运算中,乘方、开方后的有效数字的位数与其底数相同。在对数运算中,对数的有效数字的位数应与其真数相同。

(三) 实验数据处理和作图技术简介

在实验过程中,选择合适的数据处理方法,能够简明、直观地分析和处理实验数据,易于显示物理量之间的联系和规律。常用的数据处理方法有列表法和作图法两种。

1. 列表法

使用表格处理数据时,需要注意标明物理量的单位和符号。设计表格要简单明了,便于分析和比较物理量的变化规律。

2. 作图法

从化学实验中获取的实验数据,可以用图形来表示其特点以及数据的相关性、特殊性和变化规律。利用作出的图形可以求取相关的参数,如直线的斜率、截距、外推值等。因此,作图技术的优劣就决定了能否正确地表达科学实验的结果和实验误差。

常用作图包括曲线图、折线图、直方图等,所用图纸有直角坐标纸、极坐标纸、对数坐标纸等几种。下面主要介绍直角坐标绘图要点。

(1) 坐标轴及其比例选择要点。

使用直角坐标纸时,一般应以自变量为横坐标、因变量为纵坐标。横、纵坐标的原点不一定从零开始,坐标轴应注明所代表的参数名称和单位。一般将坐标轴表示的物理、化学量除以其基本单位后所得到的纯数字量作为坐标的单位量度。如某坐标轴表示物理量温度,其单位为 K(或℃),若用温度除以基本单位 1 K(或 1 ℃),其结果就成为纯数字量,利用纯数字量绘图更加规范、方便。

坐标轴的比例大小应适宜,应把实验中取得的相关物理量的全部有效数字都表达出来。图中的最小分度值应与实验的分度值一致。

应使实验测量的数据点分散、均匀地分布在全图上,不使各点过分集中而偏于图中的某一部分,特别是边角部分。当所作图形是一条直线,需求其斜率、截距等数值时,直线与横坐标的夹角以 45°左右为宜,角度过大或过小都会导致较大误差。

图 1-9 中的三条直线是用同一实验结果作出的。图 1-9(b)的图形绘制较为合理,图

1-9(a)的横坐标值误差较大,而图1-9(c)则纵坐标值误差偏大。

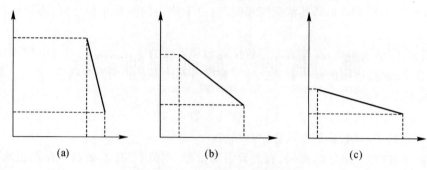

图1-9 直角坐标中直线的作法

(2)图形绘制要点。

根据实验数据,在图纸中标出各点位置,按实际要求和各点的分布情况连接成直线或曲线,以表示相关物理量的变化规律。不必要求绘出的曲线(或直线)通过所有点(因为实验中存在偶然误差),只要尽可能地使各个点均匀分布在线条附近即可。若有个别点偏离太远,在有条件的情况下,应重新测量这个值。若不可能重新测量,则应在分析整个实验后取舍。一般线段应绘制成一条光滑的曲线(或直线),而不绘制成折线(有间断点的除外)。

(3)由直线图形求取斜率。

对于直线图形可用数学解析式 $y=ax+b$ 表示。按照两点式,其斜率 $a=\dfrac{y_2-y_1}{x_2-x_1}$。可在直线上任取两点(两点距离不宜太近),若相距适宜的两组实验值均在直线上,也可用此两组数据替代,将这两点(或两组数据值)的 x 和 y 坐标代入斜率计算公式求解。

第二部分 基础训练实验

实验 1 无机化合物的性质

(一)实验目的
(1)了解配合物的生成、解离和转化,以及沉淀溶解平衡的基本规律。
(2)了解铬、锰化合物的氧化还原性及介质对氧化还原反应的影响。
(3)训练基础实验技能,培养实验设计能力。

(二)实验原理

1. 配合物的形成

周期表中副族元素的特性之一是易形成配合物。大多数配合物是由内界离子(内界由中心离子与配位体组成,又叫配离子)和外界离子构成的。常见的配离子有$[Ag(NH_3)_2]^+$、$[Fe(SCN)]^{2+}$(血红色)、$[FeF_6]^{3-}$、$[Ag(S_2O_3)_2]^{2-}$等。配合物的形成,使原物质的某些性质发生改变,如颜色、溶解度和氧化还原性等,且稳定性增加。

2. 配离子的解离平衡

配合物是强电解质,在水溶液中完全解离成配离子和简单外界离子,如:

$$[Ag(NH_3)_2]Cl \Longrightarrow [Ag(NH_3)_2]^+ + Cl^-$$

配离子较稳定,像弱电解质一样在水溶液中部分解离,如:

$$[Ag(NH_3)_2]^+ \rightleftharpoons Ag^+ + 2NH_3$$

配离子的解离平衡是一种离子平衡,当外界环境变化时也能使平衡发生移动。具体如下:

(1)改变Ag^+或NH_3浓度时,可使下列平衡发生移动:

$$[Ag(NH_3)_2]^+ \rightleftharpoons Ag^+ + 2NH_3$$

(2)在$[Fe(SCN)]^{2+}$配离子溶液中加入F^-离子时,反应向生成更稳定的$[FeF_6]^{3-}$配离子方向移动,有

$$[Fe(SCN)]^{2+} + 6F^- \rightleftharpoons [FeF_6]^{3-} + SCN^-$$

若一个配位体中有两个或多个原子连接一个中心离子形成环状结构时,则此化合物叫

螯合物。很多金属的螯合物具有特征颜色,且难溶于水,故螯合物常用于分析化学中鉴定金属离子,例如利用 Ni^{2+} 与丁二肟在弱碱条件(氨水)下生成难溶于水的红色螯合物沉淀来鉴定 Ni^{2+},发生以下反应:

$$[Ni(NH_3)_4]^{2+}_{(aq)} + 2\begin{matrix}CH_3-C-NOH\\CH_3-C-NOH\end{matrix}_{(aq)} + 2H_2O_{(l)} + 2OH^-_{(aq)} \Longrightarrow$$

$$\begin{matrix}CH_3-C=N\\\\CH_3-C=N\end{matrix}\overset{O\cdots H-O}{\underset{O-H\cdots O}{Ni}}\begin{matrix}N=C-CH_3\\\\N=C-CH_3\end{matrix} + 4NH_3 + H_2O_{(l)}$$

3. 卤化银的性质

卤化银中 AgCl、AgBr 和 AgI 依次为白色、浅黄色和黄色沉淀,在 $NH_3 \cdot H_2O$ 或 $Na_2S_2O_3$ 溶液中因生成 $[Ag(NH_3)_2]^+$ 或 $[Ag(S_2O_3)_2]^{3-}$ 而使某些沉淀溶解。例如:

$$AgCl + 2NH_3 \Longrightarrow [Ag(NH_3)_2]^+ + Cl^-$$
$$AgCl + 2S_2O_3^{2-} \Longrightarrow [Ag(S_2O_3)_2]^{3-} + Cl^-$$
$$AgBr + 2S_2O_3^{2-} \Longrightarrow [Ag(S_2O_3)_2]^{3-} + Br^-$$

4. 一些化合物的氧化还原性

在元素周期表的 d 区,许多元素有许多价态,例如 Mn 元素的主要价态有 +2、+4、+6 和 +7 价,Cr 元素主要有 +3 和 +6 价,Fe 元素有 +2 和 +3 价。它们的高价态都具有氧化性,低价态都具有还原性,中间价态具有氧化还原性。

(1) $KMnO_4$ 和 $K_2Cr_2O_7$ 均是强氧化剂,在不同介质(酸性、中性或碱性)中,其氧化性强弱不同。如 $KMnO_4$ 与 Na_2SO_3 在不同介质中的离子反应如下:

$$2MnO_4^- + 5SO_3^{2-} + 6H^+ \Longrightarrow 2Mn^{2+} + 5SO_4^{2-} + 3H_2O$$
$$2MnO_4^- + 3SO_3^{2-} + H_2O \Longrightarrow 2MnO_2\downarrow + 3SO_4^{2-} + 2OH^-$$
$$2MnO_4^- + SO_3^{2-} + 2OH^- \Longrightarrow 2MnO_4^{2-} + SO_4^{2-} + H_2O$$

MnO_4^{2-} 在碱性不足时易发生歧化反应。

(2) 铬元素的最高价态为 +6 价,其在不同 pH 值范围内可存在 CrO_4^{2-} 和 $Cr_2O_7^{2-}$ 两种形式,二者关系如下:

$$2CrO_4^{2-} + 2H^+ \Longrightarrow Cr_2O_7^{2-} + H_2O$$

在酸性介质中,$Cr_2O_7^{2-}$ 具有强氧化性,可将 SO_3^{2-} 氧化成 SO_4^{2-},其离子反应式如下:

$$Cr_2O_7^{2-} + 3SO_3^{2-} + 8H^+ \Longrightarrow 2Cr^{3+} + 3SO_4^{2-} + 4H_2O$$

(3) 中间价态物质的氧化还原性,以过氧化氢(H_2O_2)为例。H_2O_2 中氧的氧化数为 -1,故过氧化氢的特征化学性质是氧化性和不稳定性,在一定条件下可表现为氧化性,在一定条件下可表现为还原性。例如:

$$H_2O_2 + 2I^- + 2H^+ \Longrightarrow I_2 + 2H_2O$$
$$2MnO_4^- + 5H_2O_2 + 6H^+ \Longrightarrow 2Mn^{2+} + 5O_2\uparrow + 8H_2O$$

(三)实验器具和药品

1. 实验器具

实验器具列于表 2-1 中。

表 2-1　实验 1 的实验器具

序号	名称	型号或规格	数量	备注
1	离心机	LSC-20H	5 台	公用
2	试管	15 mm×150 mm	8 支	
3	离心试管	5 mL	3 支	
4	试管架		1 个	

2. 实验药品

实验药品列于表 2-2 中。

表 2-2　实验 1 的实验药品

序号	药品名称	浓度或规格	序号	药品名称	浓度或规格
1	$AgNO_3$	$0.1\ mol\cdot L^{-1}$	12	HNO_3	$2\ mol\cdot L^{-1}$
2	$NH_3\cdot H_2O$	$2\ mol\cdot L^{-1}$	13	$Na_2S_2O_3$	$0.2\ mol\cdot L^{-1}$
3	$FeCl_3$	$0.1\ mol\cdot L^{-1}$	14	$KMnO_4$	$0.01\ mol\cdot L^{-1}$
4	KSCN	$0.1\ mol\cdot L^{-1}$	15	H_2SO_4	$3\ mol\cdot L^{-1}$
5	NaF	$0.1\ mol\cdot L^{-1}$	16	蒸馏水	自制
6	$NiSO_4$	$0.1\ mol\cdot L^{-1}$	17	NaOH	$6\ mol\cdot L^{-1}$
7	$NH_3\cdot H_2O$	$6\ mol\cdot L^{-1}$	18	Na_2SO_3	$0.5\ mol\cdot L^{-1}$
8	丁二肟	0.1%乙醇溶液	19	$K_2Cr_2O_7$	$0.1\ mol\cdot L^{-1}$
9	NaCl	$0.1\ mol\cdot L^{-1}$	20	K_2CrO_4	$0.1\ mol\cdot L^{-1}$
10	KBr	$0.1\ mol\cdot L^{-1}$	21	H_2O_2	3%
11	KI	$0.1\ mol\cdot L^{-1}$			

(四)实验内容

1. Ag(Ⅰ)配离子的生成与解离

取 1 支试管加入 $AgNO_3$ 溶液($0.1\ mol\cdot L^{-1}$)3 滴,再逐滴加入 $NH_3\cdot H_2O$ ($2\ mol\cdot L^{-1}$),每加 1 滴 $NH_3\cdot H_2O$ 都要充分振荡试管,直至生成的沉淀完全消失再多加 1~2 滴 $NH_3\cdot H_2O$,记录滴数,观察并记录现象,写出反应方程式。

根据$[Ag(NH_3)_2]^+$的稳定常数(1.12×10^7)及试剂用量估算 Ag^+ 浓度,据此自行设计实验方案,通过对 $AgNO_3$ 溶液和 $[Ag(NH_3)_2]^+$ 配合物溶液中的 Ag^+ 检验对比,说明 $AgNO_3$ 和 $[Ag(NH_3)_2]^+$ 解离情况的区别[已知 AgCl 溶度积常数(简称溶度积)$K_{sp}=$

$1.77×10^{-11}$]。

2. Fe(Ⅲ)配离子的生成及转化

取 1 支试管加入 $FeCl_3$ 溶液($0.1\ mol·L^{-1}$)2 滴,加水稀释至无色,再加入 1~2 滴 KSCN 溶液($0.1\ mol·L^{-1}$),观察并记录现象。

在上述试管中再加入 NaF 溶液($0.1\ mol·L^{-1}$),直至形成无色溶液,观察颜色的变化,写出反应方程式并解释此现象。设计对比实验,证明颜色变化是由生成配合物而非稀释作用导致的。

3. Ni(Ⅱ)配合物的生成与颜色变化

在试管中加入 $NiSO_4$ 溶液($0.1\ mol·L^{-1}$)约 0.5 mL,再加入氨水($6\ mol·L^{-1}$)约 0.5 mL,观察并记录现象。

在上述溶液中再加入 1~2 滴丁二肟溶液,观察鲜红色沉淀的生成。

4. 卤化银的配位溶解

取 3 支离心试管,各加入 NaCl 溶液($0.1\ mol·L^{-1}$)2 滴,再分别滴加 $AgNO_3$ 溶液($0.1\ mol·L^{-1}$)5 滴,使 AgCl 沉淀完全。再将 3 支离心试管放在离心机的套管中离心分离(注意位置必须对称),弃去清液后,依次加入 HNO_3 溶液($2\ mol·L^{-1}$)、$NH_3·H_2O$ 溶液($2\ mol·L^{-1}$)、$Na_2S_2O_3$ 溶液($0.2\ mol·L^{-1}$)5~6 滴,观察并记录现象,写出有关的反应方程式。

按上述方法,再依次用 KBr 溶液($0.1\ mol·L^{-1}$)、KI 溶液($0.1\ mol·L^{-1}$)代替 NaCl 溶液,进行同样实验(用量同上),观察并记录现象,写出有关的反应方程式。

5. $KMnO_4$ 的氧化性

在 4 支试管中各加入 $KMnO_4$ 溶液($0.01\ mol·L^{-1}$)5 滴,第一支试管中加入 H_2SO_4 溶液($3\ mol·L^{-1}$)2 滴,第二支试管中加入蒸馏水 2 滴,第三支试管中加入 NaOH 溶液($6\ mol·L^{-1}$)2 滴,第四支试管中加入 NaOH 溶液($2\ mol·L^{-1}$)和蒸馏水各 1 滴,振荡摇匀后,再分别向 4 支试管中加入 Na_2SO_3 溶液($0.5\ mol·L^{-1}$)1 滴。观察现象有何区别,写出有关的反应方程式。

6. $K_2Cr_2O_7$ 的氧化性与颜色变化

在试管中加入溶液 $K_2Cr_2O_7$($0.1\ mol·L^{-1}$)3 滴,加入 H_2SO_4 溶液($3\ mol·L^{-1}$)1 滴,摇匀后加入 Na_2SO_3 溶液($0.5\ mol·L^{-1}$)5~6 滴。观察并记录颜色变化,写出反应方程式。

7. $K_2Cr_2O_7$ 与 K_2CrO_4 的相互转化

取 2 支试管,向第一支试管中加入 $K_2Cr_2O_7$ 溶液($0.1\ mol·L^{-1}$)约 0.5 mL,向第二支试管中加 K_2CrO_4 溶液($0.1\ mol·L^{-1}$)约 0.5 mL,观察两溶液的颜色并记录。向第一支试管($K_2Cr_2O_7$ 溶液)中再加入 NaOH 溶液($6\ mol·L^{-1}$)1 滴,向第二支试管(K_2CrO_4 溶液)中再加入 H_2SO_4 溶液($3\ mol·L^{-1}$)1 滴,观察颜色变化并解释原因,写出反应方程式。

8. H_2O_2 的氧化还原性

取 KI 溶液($0.1\ mol·L^{-1}$)10 滴,加 H_2SO_4 溶液($3\ mol·L^{-1}$)2~3 滴,再加 H_2O_2 溶

液(3%)5~6滴,观察现象,写出反应方程式,并指出哪个是氧化剂。

取 $KMnO_4$ 溶液(0.01 mol·L^{-1})5滴,加 H_2SO_4 溶液(3 mol·L^{-1})2~3滴,再加 H_2O_2 溶液(3%)5滴,观察现象,写出反应方程式,并指出哪种物质是还原剂。

(五)实验思考题

(1)相同浓度的 $AgNO_3$ 和[$Ag(NH_3)_2$]NO_3 溶液中 Ag^+ 和 NO_3^- 浓度是否相同?为什么?

(2)向[$Fe(SCN)$]$^{2+}$ 溶液中加入 NaF 溶液后,颜色是否发生变化?为什么会发生此反应?

(3)AgCl、AgBr、AgI 在 HNO_3、$NH_3·H_2O$ 和 $Na_2S_2O_3$ 溶液中的溶解情况有何区别?如何解释?

(4)$KMnO_4$ 在酸性、中性和碱性介质中的氧化性是否相同?用学过的知识解释为什么。

(5)重铬酸钾和铬酸钾在不同介质中可以互变,铬的价数有无变化?

(6)结合试剂用量,写出[$Ag(NH_3)_2$]$^+$ 中 Ag^+ 浓度的估算过程,并计算形成 AgCl 沉淀需要的最低 Cl^- 浓度。

实验 2 理想气体常数的测定

(一)实验目的
(1)掌握理想气体状态方程、分压定律的实际应用。
(2)了解影响气体常数测定结果准确度的主要因素。
(3)学习测定气体常数的一般方法,练习其操作。
(4)练习用天平、台秤等称量物质质量的方法。

(二)实验原理
理想气体是忽略了气体分子的自身体积以及分子间相互作用力的假想气体状态。理想气体状态方程为

$$pV = nRT$$

对于真实气体,只有在低压、高温下,分子间的相互作用力比较小,分子间平均距离比较大,分子自身的体积与气体体积相比微不足道时,才能近似地将其看成理想气体。通常情况下,有些真实气体(如 H_2、O_2、N_2)在常温、常压下能较好地符合理想气体状态方程。在一定的温度 T 下,通过实验测得气体压强 p、体积 V、物质的量 n,即可根据理想气体状态方程,计算得到气体常数 R。

本实验利用 Al 与稀盐酸在常温、常压下反应产生氢气测定 R 值,能够较好地符合理想气体状态方程,所产生的偏差较小。Al 与稀盐酸的反应为

$$2Al + 6HCl = 2AlCl_3 + 3H_2\uparrow$$

用电子分析天平准确称取一定质量的 Al(m_{Al}),与过量的稀盐酸反应,在一定温度和压力下,由量气装置(见图 2-1)测量反应产生的氢气体积 V_{H_2},由反应方程式和铝的质量可计算出氢气的物质的量 n_{H_2},将这些数据代入理想气体状态方程中,即可计算得到气体常数

R 为

$$R = \frac{p_{H_2} \cdot V_{H_2}}{n_{H_2} \cdot T}$$

其中

$$n_{H_2} = \frac{3m_{Al}}{2M_{Al}}$$

式中：m_{Al} 为铝片的质量(g)；M_{Al} 为铝的相对原子质量。

$$V_{H_2} = V_2 - V_1$$

式中：V_1 为反应前量气管体积(mL)；V_2 为反应后量气管体积(mL)。

由于氢气是在水面上收集的，其中必混有水气，由分压定律可知，氢气的分压应为

$$p_{H_2} = p_{atm} - p_{H_2O}$$

式中：p_{atm} 为实验时的大气压，由温度气压表读取；p_{H_2O} 为实验温度下水的饱和蒸气压（由附录查出）。

$$T = t + 273.15 \ ℃$$

式中：室温 t 是实验室的温度(℃)，由温度气压表读取。

(三)实验器具和药品

1. 实验器具

实验器具列于表 2-3 中。

表 2-3　实验 2 的实验器具

序号	名称	型号或规格	数量	备注
1	温度气压表		1 套	公用
2	电子分析天平	0.000 1 g	3 台	公用
3	测定气体常数组合装置		1 台	
4	量杯	10 mL	1 个	
5	烧杯	100 mL	1 个	
6	滴管	20 mm	1 支	
7	滤纸条	25 mm×100 mm	1 条	
8	细铜丝		1 根	
9	剪刀		1 把	
10	镊子		1 把	

2. 实验药品

实验药品列于表 2-4 中。

表 2-4　实验 2 的实验药品

药品名称	规　格
盐酸	6 mol·L^{-1}
铝片(学生自己称取)	0.023 0～0.030 0 g

(四)实验内容

(1)在电子分析天平上准确称取铝片质量(约 0.023 0~0.030 0 g),并准确记录至小数点后第四位。

(2)按图 2-1 安装好量气装置。

(3)用烧杯向量气管中加入一定量的水,至水面略低于"0.00"。上下迅速移动水平管几次,以赶尽附着在量气管和橡皮管内壁的气泡,直至液面无气泡逸出为止。

(4)反应前,先检查量气装置的气密性。先将试管塞塞紧,将水平管向下(或向上)移动一段距离,放在固定位置,如果液面不断下降(或上升),说明装置漏气,应检查各连接部位是否严密,调整各连接部位,直至不漏气为止。

(5)用 10 mL 量杯量取 5 mL 的 6 mol·L^{-1} HCl 溶液,再用滴管把 HCl 溶液小心地注入反应管中。(注意:勿使反应管上部被盐酸沾湿,思考为什么。如沾湿,须用滤纸条擦干。思考在此操作中还有什么技巧。)

(6)将铝片折叠成小块,用打磨过的细铜丝均匀交叉缠绕(为什么?),将其小心地放在反应管的水平处,切勿使铝片落入反应管底部的 HCl 溶液中(为什么?),塞紧橡皮塞,将反应管用铁夹固定。

(7)再次检查量气装置的气密性。若不漏气,则调整水平管的位置,使量气管内水面与水平管内水面在同一平面上(为什么?),然后准确读出 V_1(应读到小数点后第二位)。读数时,视线应与凹液面底部相平,如图 2-2 所示。

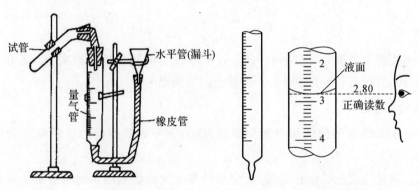

图 2-1 测定气体常数装置   图 2-2 量气管读取示意

(8)轻轻弹动试管,使铝片滑入 HCl 溶液中发生反应。为了不使量气管内因气压过大而发生漏气,应随着量气管液面下降,将水平管慢慢下移,始终保持水平管与量气管内水面基本相平。

(9)反应停止后,移动水平管,使其与量气管内水面相平,记录液面位置。等待 1~3 min(能否无限延时?为什么?),再记录液面位置。如此反复操作,直至前后两次记录的液面位置相差不超过 0.05 mL,即表示管内气体的温度已与室温一致,记录此时量气管读数 V_2(读到小数点后第二位)。

(10)由温度气压表读取实验室的室温 t、大气压 p,查出此室温时水的饱和蒸汽压。

(五)实验记录及结果处理

1. 实验记录

铝片质量	$m_{Al}=$	g
反应前量气管中水面读数	$V_1=$	mL= m^3
反应后量气管中水面读数	$V_2=$	mL= m^3
室温	$t=$	℃= K
大气压	$p=$	kPa= Pa
室温时水的饱和蒸汽压	$p_{H_2O}=$	Pa

2. 结果处理

氢气体积 $V_{H_2}=V_2-V_1=$ m^3

氢气分压 $p_{H_2}=p_{atm}-p_{H_2O}=$ Pa

氢气物质的量 $n_{H_2}=\dfrac{3m_{Al}}{2M_{Al}}=$ mol

气体常数 $R=\dfrac{p_{H_2}\cdot V_{H_2}}{n_{H_2}\cdot T}=$ J·mol^{-1}·K^{-1}

气体常数理论值 $R_0=8.314\ 5$ J·mol^{-1}·K^{-1}(Pa·m^3·mol^{-1}·K^{-1})

相对误差 $E=\dfrac{|R-R_0|}{R_0}\times 100\%=$

注意:本实验要求相对误差小于5%。若未达到要求,应立即重做实验。若相对误差在1%～5%之间,应在实验报告中分析产生误差的可能原因。

(六)实验思考题

(1)实验中测得氢气的体积与相同温度、压力下等物质的量的干燥氢气的体积是否相同?

(2)反应前量气管上部留有空气,反应后计算氢气的物质的量时为什么不考虑空气的分压?

(3)讨论下列情况对实验测定的 R 值有何影响:

a.量气管内气泡没赶尽。

b.读 V_2 时量气管温度未冷却到室温。

c.反应过程中装置漏气。

d.铝片表面有氧化膜。

e.反应过程中,从量气管压入水平管中的水过多而从水平管上端流出。

f.记录 V_2 时,量气管比水平管的液面高。

g.铝片称量偏重。

h.铝片不纯,含镁。

[附]电子天平的使用方法

(1)天平(见图2-3)水平的检查及调节:检查天平水平仪内气泡是否位于圆环中央,若没有在中央,需调整水平调节脚,使水平仪内气泡位于圆环中央。

(2)开机:接通电源,轻按"on/off"键,当显示器显示"0.0000 g"时,电子称量系统自检过程结束。注意:天平长时间断电之后再使用时,至少需预热30 min。

(3)称量:将被称物放于秤盘中央,并关闭天平侧门,待显示器显示稳定的数值,此数值即为被称物的质量值。

(4)关机:称量完毕,按"on/off"键,关闭显示器,此时天平处于待机状态,若当天不再使用,应拔下电源插头。

注意:天平在称量过程中,不得搬动,且放置天平的台面不得有震动,读数时天平的三个门应处于关闭状态。

图2-3 电子天平外观图

实验3 食盐提纯实验

(一)实验目的

(1)能够熟练进行溶解、沉淀、溶液pH调节、过滤等基本操作。
(2)了解Ca^{2+}、Mg^{2+}、Ba^{2+}的检定和除去方法。
(3)学习粗食盐结晶提纯的原理和方法。

(二)实验原理

粗食盐中含有不溶性杂质(如泥沙等)和可溶性杂质(主要是Ca^{2+}、Mg^{2+}、SO_4^{2-}、K^+)。不溶性杂质可以采用将粗食盐溶于水后再过滤的方法除去。Ca^{2+}、Mg^{2+}、SO_4^{2-}等离子可以选择适当的试剂使它们分别转化成难溶化合物的沉淀而除去。

首先,在粗食盐溶液中加入稍微过量的 $BaCl_2$ 溶液除去 SO_4^{2-},反应式为

$$Ba^{2+}+SO_4^{2-} = BaSO_4 \downarrow$$

然后在溶液中加入 NaOH 和 Na_2CO_3 溶液,除去 Ca^{2+}、Mg^{2+} 和过量的 Ba^{2+}:

$$Ca^{2+}+CO_3^{2-} = CaCO_3 \downarrow$$

$$Mg^{2+}+2OH^- = Mg(OH)_2 \downarrow$$

$$Ba^{2+}+CO_3^{2-} = BaCO_3 \downarrow$$

过量的 NaOH 和 Na_2CO_3 再用盐酸中和。

粗食盐中的 K^+ 和上述沉淀剂不发生反应,仍留在母液中。由于 KCl 在粗食盐中的含量较少,在蒸发浓缩和结晶过程中绝大部分仍留在溶液中,与结晶分离。

(三)实验器具和药品

1. 实验器具

实验器具列于表 2-5 中。

表 2-5 实验3的实验器具

序号	器具名称	型号或规格	数量	备注
1	电子台秤	0.01 g	4 台	公用
2	电加热台	封闭式	4 个	公用
3	离心机	LSC-20H	4 台	公用
4	循环水真空泵	SHB-Ⅲ	4 台	公用
5	烧杯	250 mL	1 个	
6	布氏漏斗	80 mm	1 个	
7	抽滤瓶	500 mL	1 个	
8	离心管	5 mL	6 支	
9	平底蒸发皿	60 mm	1 个	
10	坩埚钳		1 把	
11	滤纸	快速	1 盒	
12	pH 试纸	广泛	1 盒	

2. 实验药品

实验药品列于表 2-6 中。

表 2-6 实验3的实验药品

序号	药品名称	浓度或规格	序号	药品名称	浓度或规格
1	NaCl	粗盐	5	H_2SO_4	3 mol·L^{-1}
2	$BaCl_2$	1 mol·L^{-1}	6	$(NH_4)_2C_2O_4$	0.5 mol·L^{-1}
3	HCl	2 mol·L^{-1}	7	NaOH	2 mol·L^{-1}
4	Na_2CO_3	饱和溶液	8	镁试剂	

(四)实验内容

1. 粗盐的溶解

称取 5 g 粗盐置于烧杯中,加 20 mL 去离子水,加热搅拌使粗盐溶解。

2. 去除 SO_4^{2-} 并检验 SO_4^{2-} 是否除尽

在不断搅拌下,逐滴加入 $BaCl_2$ 溶液($1\ mol \cdot L^{-1}$)约 2 mL,继续加热,使 $BaSO_4$ 颗粒长大而易于沉淀和过滤。待 $BaSO_4$ 沉淀沉降后,在上层清液中加 1~2 滴 $BaCl_2$ 溶液($1\ mol \cdot L^{-1}$),如果出现浑浊,表示 SO_4^{2-} 尚未除尽,需继续加 $BaCl_2$ 溶液。如果不混浊,表示 SO_4^{2-} 已除尽。过滤,弃去不溶性杂质和 $BaSO_4$ 沉淀。

3. 去除 Mg^{2+}、Ca^{2+}、Ba^{2+} 等阳离子并检验 Ba^{2+} 是否除尽

在不断搅拌下,向上步得到的滤液中滴加饱和 Na_2CO_3 溶液,直至不产生沉淀为止,再多加 0.2 mL Na_2CO_3 溶液,静置。待沉淀沉降后,取少量上层溶液,加 1~2 滴饱和 Na_2CO_3 溶液,如果出现浑浊,表示 Ba^{2+} 未除尽,还需继续加 Na_2CO_3 溶液直至除尽为止(检查液用后弃去)。过滤,弃去沉淀。

4. 调节 pH 除 CO_3^{2-}

在不断搅拌下,向上步得到的滤液中滴加 HCl 溶液($2\ mol \cdot L^{-1}$),调节溶液 pH 为 2~3(用精密 pH 试纸检查)。

5. 浓缩和结晶

把溶液蒸发浓缩到原体积的 1/3,冷却结晶、过滤,用少量蒸馏水洗涤晶体,抽干。将所得 NaCl 晶体放在蒸发皿内,加热烘干,注意需不断搅拌以防止溅出与结块。冷却后称量。

6. 产品质量鉴定

取原料和产品各 1 g,分别用 6 mL 水溶解,然后各置于 3 支试管中,分成 3 组对照检查其纯度:

(1) SO_4^{2-}:第一组溶液中,分别加入 $BaCl_2$ 溶液($1\ mol \cdot L^{-1}$)2 滴,产品溶液中应无沉淀产生。

(2) Ca^{2+}:第二组溶液中,分别加入 $(NH_4)_2C_2O_4$ 溶液($0.5\ mol \cdot L^{-1}$)2 滴,产品溶液中应无沉淀产生。

(3) Mg^{2+}:第三组溶液中,分别加入 NaOH 溶液($2\ mol \cdot L^{-1}$)2~3 滴,使溶液呈碱性,再各加入 2~3 滴镁试剂,产品溶液中应无天蓝色沉淀产生。

(五)实验思考题

(1) 氯化钡毒性很大,切勿入口。能否用其他无毒盐如氯化钙等来除 SO_4^{2-}?

(2) 在除 SO_4^{2-}、Ca^{2+} 和 Mg^{2+} 时,为什么要先加 $BaCl_2$ 溶液,然后再加 Na_2CO_3 溶液?

(3) 能否用其他酸来除去多余的 CO_3^{2-}?

(4) 除去可溶性杂质离子的先后次序是否合理?可否任意变换次序?

(5) 加沉淀剂除杂质时,得到较大晶粒沉淀的条件是什么?

(6) 溶液浓缩时为什么不能蒸干?

实验 4 溶液化学实验

(一)实验目的

(1)加深对解离平衡、同离子效应、盐类水解等理论的理解。
(2)掌握沉淀溶解平衡特征及溶度积规则。
(3)学习分步沉淀的原理和判断方法。
(4)练习 $AgNO_3$ 标准溶液的配制、标定和莫尔法的实验操作技术。

(二)实验原理

1. 盐类的水解

盐类的水解反应是由于组成盐的离子和水解离出来的 H^+ 或 OH^- 作用,生成弱酸或弱碱的反应过程。水解反应往往使溶液显酸性或碱性。通常水解后生成的酸或碱越弱,则盐的水解度越大。盐的阴、阳离子都能发生水解反应时,称为双水解,此时水解度增大。

水解是中和反应的逆反应,是吸热反应,加热能促进水解作用。同时,水解产物的浓度也是影响水解平衡移动的因素。

2. 沉淀的溶度积常数与溶度积规则

在难溶电解质的饱和溶液中,未溶解的固体和溶解后形成的离子间存在多相离子平衡,如:

$$Ag_2CrO_4(s) \rightleftharpoons 2Ag^+ + CrO_4^{2-}$$

$$K_{sp}^{\ominus} = c_{Ag^+}^2 \cdot c_{CrO_4^{2-}}$$

式中,$K_{sp}^{\ominus}$ 称为溶度积,表示难溶电解质固体和它的饱和溶液达到平衡时的平衡常数。溶度积的大小反映了难溶电解质的溶解能力。利用溶度积常数可以分析沉淀的生成、溶解与转化等现象。

S^{2-} 能和多种金属离子作用,生成不同颜色和不同溶解性的硫化物。例如:H_2S 与 Zn^{2+} 生成白色的 ZnS,ZnS 能溶于稀 HCl;H_2S 与 Cd^{2+} 生成黄色的 CdS,CdS 不溶于稀 HCl,但能溶于浓 HCl;H_2S 与 Cu^{2+}、Hg^{2+} 反应分别生成黑色的 CuS 和 HgS,CuS 不溶于 HCl,但能溶于 HNO_3,而 HgS 只有王水才能溶解。

3. 分步沉淀

如果溶液中含有的数种离子都能被同一沉淀剂所沉淀,当逐步加入某种试剂时,由于生成的几种难溶电解质的溶度积大小差异而分先后沉淀的现象称为分步沉淀。其中若某种难溶电解质的离子积先达到其溶度积,则该难溶电解质先沉淀,反之后沉淀。

4. 分步沉淀原理测定氯离子浓度

分步沉淀被用于水中 Cl^- 浓度的测定,即莫尔法。此方法是在中性或弱碱性溶液中,以 K_2CrO_4 为指示剂、$AgNO_3$ 为标准溶液进行滴定。由于 $AgCl$ 沉淀的溶度积比 Ag_2CrO_4 的溶度积小,因此溶液中首先析出 $AgCl$ 沉淀,当 $AgCl$ 沉淀完全后,过量一滴 $AgNO_3$ 溶液即与 K_2CrO_4 生成砖红色的 Ag_2CrO_4 沉淀,指示终点的到达。主要反应式如下:

$$Ag^+ + Cl^- == AgCl\downarrow (白色)$$

$$2Ag^+ + CrO_4^{2-} =\!=\!= Ag_2CrO_4\downarrow(砖红色)$$

滴定最适宜的 pH 范围为 6.5~10.5。若溶液中存在铵盐,则 pH 应控制在 6.5~7.2 之间。若溶液中存在较多的 Cu^{2+}、Co^{2+}、Cr^{3+} 等有色离子,将影响终点的观察。凡是能与 Ag^+ 或 CrO_4^{2-} 发生化学反应的阴、阳离子都会干扰测定。

莫尔法的应用比较广泛,生活饮用水、工业用水、环境水质及一些化工产品、药品、食品中的氯含量测定都使用莫尔法。

(三)实验器具和药品

1. 实验器具

实验器具列于表 2-7 中。

表 2-7　实验 4 的实验器具

序号	器具名称	型号或规格	数量	备注
1	离心机	LSC-20H	4 台	公用
2	试管	15 mm×150 mm	6 支	
3	试管架	—	1 个	
4	离心管	5 mL	4 支	
5	烧杯	100 mL	1 个	
6	容量瓶	100 mL	1 个	
7	容量瓶	250 mL	1 个	
8	酸式滴定管	25 mL	1 支	
9	刻度移液管	20 mL	1 支	
10	刻度移液管	1 mL	1 支	
11	锥形瓶	250 mL	4 个	
12	pH 试纸	精密		

2. 实验药品

实验药品列于表 2-8 中。

表 2-8　实验 4 的实验药品

序号	药品名称	浓度或规格	序号	药品名称	浓度或规格
1	NH_4Cl	0.1 mol·L^{-1}	8	$NaHCO_3$	0.1 mol·L^{-1}
2	NH_4Ac	0.1 mol·L^{-1}	9	$MgCl_2$	0.1 mol·L^{-1}
3	NaCl	0.1 mol·L^{-1}	10	$NH_3·H_2O$	2 mol·L^{-1}
4	Na_2CO_3	0.1 mol·L^{-1}	11	$AgNO_3$①	0.1 mol·L^{-1}
5	$Fe(NO_3)_3·9H_2O$	A.R.(分析纯)	12	$Pb(NO_3)_2$	0.1 mol·L^{-1}
6	HNO_3	6 mol·L^{-1}	13	Na_2SO_4	0.1 mol·L^{-1}
7	$Al_2(SO_4)_3$	0.1 mol·L^{-1}	14	$K_2Cr_2O_7$	0.1 mol·L^{-1}

续表

序号	药品名称	浓度或规格	序号	药品名称	浓度或规格
15	$MnSO_4$	$0.1\ mol \cdot L^{-1}$	21	HCl	$1\ mol \cdot L^{-1}$
16	$ZnSO_4$	$0.1\ mol \cdot L^{-1}$	22	HCl	$6\ mol \cdot L^{-1}$
17	$CdSO_4$	$0.1\ mol \cdot L^{-1}$	23	K_2CrO_4	$0.1\ mol \cdot L^{-1}$
18	$CuSO_4$	$0.1\ mol \cdot L^{-1}$	24	NaCl②	基准试剂
19	Na_2S	$0.1\ mol \cdot L^{-1}$	25	K_2CrO_4	5%
20	HAc	$0.1\ mol \cdot L^{-1}$	26	蒸馏水	自制

①$AgNO_3$($0.1\ mol \cdot L^{-1}$)溶液:称取 8.5 g $AgNO_3$ 溶解于 500 mL 不含 Cl^- 的蒸馏水中,将溶液转入棕色试剂瓶中保存,以防光照分解。

②NaCl 基准试剂:在 500~600 ℃ 高温炉灼烧 30 min,然后置于干燥器中冷却。

(四)实验内容

1. 盐的水解实验

(1)用精密 pH 试纸分别测定 NH_4Cl($0.1\ mol \cdot L^{-1}$)、NH_4Ac($0.1\ mol \cdot L^{-1}$)、NaCl($0.1\ mol \cdot L^{-1}$)以及 Na_2CO_3($0.1\ mol \cdot L^{-1}$)溶液的 pH,解释观察到的现象,并与理论计算值比较。

(2)取少量 $Fe(NO_3)_3 \cdot 9H_2O$ 固体,用少量蒸馏水溶解后观察溶液的颜色,然后均分为三份。第一份留作比较,第二份加入 HNO_3 溶液($6\ mol \cdot L^{-1}$)3 滴,第三份加热煮沸 3 min。观察现象,并解释加入 HNO_3 或加热对水解平衡有何影响。

(3)取 2 支试管,一支加 $Al_2(SO_4)_3$ 溶液($0.1\ mol \cdot L^{-1}$)1 mL,另一支加 $NaHCO_3$ 溶液($0.1\ mol \cdot L^{-1}$)1 mL,用 pH 试纸分别测试它们的 pH,并写出它们的水解方程式。然后将 $NaHCO_3$ 溶液倒入 $Al_2(SO_4)_3$ 溶液中,观察有何现象,试加以说明。

2. 沉淀的生成、溶解和转化

(1)在试管中滴加 $MgCl_2$ 溶液($0.1\ mol \cdot L^{-1}$)2 滴,逐滴加 $NH_3 \cdot H_2O$($2\ mol \cdot L^{-1}$),至生成沉淀,记录沉淀颜色。再继续滴加 NH_4Cl($1\ mol \cdot L^{-1}$)溶液数滴,观察沉淀是否溶解,解释上述现象。

(2)在试管中加入 $Pb(NO_3)_2$ 溶液($0.1\ mol \cdot L^{-1}$)约 0.5 mL,然后再加 Na_2SO_4($0.1\ mol \cdot L^{-1}$)溶液约 0.5 mL,观察沉淀的产生并记录沉淀的颜色。再加入 $K_2Cr_2O_7$($0.1\ mol \cdot L^{-1}$)溶液约 0.5 mL,观察沉淀颜色的改变,写出反应式并根据溶度积的原理进行解释。

(3)取 4 支离心管,第一支加入 $MnSO_4$ 溶液($0.1\ mol \cdot L^{-1}$)5 滴,第二支加入 $ZnSO_4$($0.1\ mol \cdot L^{-1}$)溶液 5 滴,第三支加入 $CdSO_4$ 溶液($0.1\ mol \cdot L^{-1}$)5 滴,第四支加入 $CuSO_4$($0.1\ mol \cdot L^{-1}$)溶液 5 滴,然后分别在每支试管中加入几滴 Na_2S 溶液,观察产生沉淀的颜色,并写出反应式。分别将沉淀离心分离,弃去清液。洗涤沉淀 2~3 次。现有 HAc

($1\ mol\cdot L^{-1}$)、HCl($1\ mol\cdot L^{-1}$)、HCl($6\ mol\cdot L^{-1}$)、HNO_3($6\ mol\cdot L^{-1}$)溶液,试检验上述四种沉淀与酸反应的情况。写出实验所用试剂用量、步骤、现象及反应式。

3. 分步沉淀

(1)在试管中加入 Na_2S 溶液($0.1\ mol\cdot L^{-1}$)1滴和 K_2CrO_4 溶液($0.1\ mol\ L^{-1}$)2滴,用去离子水稀释至5 mL,混合均匀。首先加入 $Pb(NO_3)_2$ 溶液($0.1\ mol\cdot L^{-1}$)1滴,离心分离,观察试管底部沉淀的颜色。然后再向清液中继续滴加 $Pb(NO_3)_2$ 溶液,观察此时生成沉淀的颜色,指出两种沉淀各是什么物质,并通过计算结果解释现象。

(2)在试管中加入 $AgNO_3$ 溶液($0.1\ mol\cdot L^{-1}$)和 $Pb(NO_3)_2$ 溶液($0.1\ mol\cdot L^{-1}$)各2滴,用去离子水稀释至5 mL,摇匀。逐滴加入 K_2CrO_4 溶液($0.1\ mol\cdot L^{-1}$),每加1滴后都要充分摇荡,离心分离。观察试管底部先后生成沉淀的颜色,指出各是什么物质,并通过计算结果解释现象。

($K_{sp}^{\ominus}$数据:PbS 9.04×10^{-29},$PbCrO_4$ 2.8×10^{-13},Ag_2CrO_4 1.12×10^{-12}。)

4. 莫尔法测定水样中氯离子浓度

(1)$AgNO_3$ 溶液的标定(可由教师完成)。准确称取 $0.5\sim0.65\ g$ NaCl 基准试剂置于小烧杯中,用蒸馏水溶解后,转入 100 mL 容量瓶中,稀释至刻度,摇匀。用移液管移取 20.00 mL NaCl 溶液于锥形瓶中,加入 25 mL 蒸馏水,用移液管加入 1.00 mL 5% K_2CrO_4 溶液,在不断搅拌下,用 $AgNO_3$ 溶液滴定至砖红色,即为终点。平行标定 3 份。根据所消耗的 $AgNO_3$ 溶液的体积和 NaCl 的质量,计算 $AgNO_3$ 溶液的浓度。

(2)水样中 Cl^- 浓度的测定。准确量取生理盐水 10 mL 于锥形瓶中,加入 25 mL 蒸馏水,用移液管加入 1 mL 5% K_2CrO_4 溶液,在不断搅拌下,用 $AgNO_3$ 溶液滴定至砖红色,即为终点。平行标定 3 份。根据所消耗的 $AgNO_3$ 溶液的体积,计算水样中 Cl^- 浓度。

实验完毕后,将装 $AgNO_3$ 溶液的滴定管先用蒸馏水冲洗 2~3 次后,再用自来水洗净,以免 AgCl 残留于管内。

(五)实验思考题

(1)加热对水解平衡有何影响?
(2)沉淀的溶解和转化条件有哪些?
(3)用莫尔法测定氯,为什么溶液的 pH 须控制在 6.5~10.5?
(4)用莫尔法测定氯,以 K_2CrO_4 作指示剂时,指示剂的浓度过大或过小对测定结果有何影响?

实验 5　化学反应热效应的测定

(一)实验目的

(1)掌握络合滴定测定金属离子含量的原理和方法。
(2)练习移液管、滴定管的正确使用。
(3)学会化学反应热效应的测定原理和方法。
(4)练习运用外推作图法处理实验数据。

(二)实验原理

1. 络合滴定法测定硫酸铜浓度

络合滴定法是以络合反应为基础的滴定分析方法,广泛应用的标准溶液是乙二胺四乙酸的二钠盐,简称 EDTA,一般与金属离子都形成 1:1 的配合物,为计算简便,EDTA 标准溶液通常都用摩尔浓度表示。

EDTA 标准溶液可用基准级的固体直接配成,但一般都是先配成大约浓度,再用基准物质如碳酸钙、金属锌等标定,采用金属指示剂确定终点。例如,用锌标定 EDTA 时,在 pH≈10(氨缓冲溶液)下,以铬黑 T(简称 EBT)作指示剂来判断终点。

本实验在 pH≈4 的条件下,选用 PAN[1-(2-吡啶偶氮)-2-萘酚]指示剂测定 $CuSO_4$ 浓度。PAN 为橙色晶体,难溶于水,可溶于碱溶液或乙醇等溶剂中,PAN 与金属离子形成的配合物为红色,因此可以作为指示剂测定 Cu^{2+}、Ni^{2+}、Pb^{2+} 等。

滴定前,在溶液中加入 PAN 指示剂,则指示剂与 Cu^{2+} 离子反应生成紫红色配合物:

$$Cu^{2+} + PAN(黄色) = Cu^{2+}-PAN(紫红色)$$

滴定开始至等当点前,逐滴加入的 EDTA 与 Cu^{2+} 离子配合,形成稳定的配合物:

$$Cu^{2+} + EDTA = Cu^{2+}-EDTA$$

达到等当点时,继续滴加的 EDTA 夺取 $Cu^{2+}-PAN$ 配合物中的 Cu^{2+},而使 PAN 游离出来,溶液呈现黄绿色。反应式为

$$EDTA + Cu^{2+}-PAN(紫红色) = Cu^{2+}-EDTA + PAN(黄绿色)$$

根据溶液颜色变化,可以确定滴定终点。

2. 化学反应热效应的测定

化学反应大都伴随有热量的变化,反应热就是表示反应体系吸收和放出热量的大小。Zn 与 $CuSO_4$ 反应是一个自发进行的放热反应,在 298.15 K 标准状况下,每摩尔 Zn 置换 $CuSO_4$ 溶液中的 Cu^{2+} 会放出 216.8 kJ 的热量,即

$$Zn + CuSO_4 = ZnSO_4 + Cu \quad \Delta_r H_m^\ominus = -216.8 \text{ kJ} \cdot \text{mol}^{-1}$$

本实验是用足量的锌粉与一定浓度的稀硫酸铜溶液在绝热反应器中反应,通过测定反应前后体系的温度变化,根据能量守恒定律,求出该置换反应的热效应。其计算公式为

$$Q = \Delta T C \rho V + \Delta T C_p \quad (2-1)$$

设量热器本身吸收热量 $\Delta T C_p$ 可以忽略,则

$$\Delta_r H_m^\ominus = -\frac{Q}{n} = -\frac{\Delta T C \rho V}{1\,000 \times n} \quad (2-2)$$

式中:Q 是 Zn 与 $CuSO_4$ 反应时放出的热量(kJ);$\Delta_r H_m^\ominus$ 是反应热效应(kJ·mol^{-1});ΔT 是反应前、后系统的温度变化(K);C 是溶液的比热容,近似以纯水在 25 ℃时的比热 4.18 J·g^{-1}·K^{-1} 代替;ρ 是溶液的密度,近似以纯水的密度 1.00 g·mL^{-1} 代替;V 是 $CuSO_4$ 溶液的体积(mL);n 是体积为 V 的溶液中 $CuSO_4$ 的物质的量;1 000 是换算因子。

根据式(2-2),只要已知 $CuSO_4$ 溶液的摩尔浓度,测定其与足量 Zn 粉反应的前、后体系温差,就可求出反应的热效应。

由于反应器并非严格的绝热装置,不可避免与外界有一部分热交换,数据处理中采用外

推作图法对实验最高温度予以校正后,求取 ΔT。

(三)实验器具和药品

1. 实验器具

实验器具列于表2-9中,其中,化学生成热测定仪如图2-4所示。

表2-9 实验5的实验器具

序号	器具名称	规 格	数量	备注
1	化学生成热测定仪	CXJ-2型	8台	公用
2	电子台秤	0.01 g	4台	公用
3	电热台	500 W	4台	公用
4	滴定管	酸式,50 mL	1支	
5	移液管	10 mL	1个	
6	广口瓶	250 mL	2个	
7	锥形瓶	250 mL	3个	
8	移液管	50 mL	1个	
9	烧杯	250 mL	1个	
10	洗耳球		8个	

图2-4 化学生成热测定仪

2. 实验药品

实验药品列于表2-10中。

表2-10 实验5实验药品

药品名称	规格	备注
$CuSO_4 \cdot 5H_2O$	A.R.	
EDTA 标准溶液	0.1 mol/L	教师标定准确浓度
缓冲溶液	pH4.3	
PAN 指示剂溶液*	0.2%乙醇溶液	
Zn 粉	A.R.	
蒸馏水	自制	

* 将 0.2 g PAN 溶于 100 mL 乙醇中。

(四)实验内容

1. 硫酸铜溶液的配制与标定

(1)称取 10 g 硫酸铜($CuSO_4 \cdot 5H_2O$),溶于约 200 mL 水中,溶解,转移至广口瓶中,供标定用。

(2)将 EDTA 标准溶液置于滴定管中,排除管尖气泡。用移液管移取硫酸铜溶液 10.00 mL,置于锥形瓶中,加入 20 mL 缓冲溶液(pH4.3),加热至沸腾,取下放冷,加入 4~5 滴 PAN 指示剂溶液,用 EDTA 标准溶液滴定至黄绿色。平行测定 2~3 次,计算平均值。

2. 反应温度的测定

(1)打开仪器盖,取出保温杯。洗干净保温杯并用吸水纸擦干。

(2)用少量已标定的 $CuSO_4$ 溶液润洗移液管 2~3 次,然后准确吸取 100 mL $CuSO_4$ 溶液于保温杯中。

(3)将保温杯放入仪器中,盖上盖子,按下搅拌按钮,开始搅拌。

(4)按下每隔 0.5 min 记录一次温度按钮,读到小数点后两位。等到溶液与量热器温度达到平衡并保持 2 min 内不变后,此时的温度即为反应初始温度 T_1。

(5)称取 3 g 锌粉,通过反应器的小孔加入,盖好盖子,每隔 0.25 min 记录一个对应温度。当温度升到最高点时,记录下对应的温度 T_2 与时间 θ。此后再每隔 0.5 min 记录一个对应温度,继续记录温度,至 6 个时间点(3 min)后结束实验。

(6)取出保温杯,将废液倒入废液桶中,洗净保温杯放回原处,并清洗搅拌杆。

(五)实验记录与结果处理

1. 硫酸铜溶液的配制与标定

配制:硫酸铜质量_____g,配制体积_____mL,EDTA 溶液浓度_____$mol \cdot L^{-1}$。硫酸铜溶液的标定数据记录在表 2-1 中。

表 2-1 硫酸铜溶液的标定

序号	硫酸铜溶液体积 mL	初始读数 mL	终点读数 mL	滴定体积 mL	硫酸铜浓度 $mol \cdot L^{-1}$	平均浓度 $mol \cdot L^{-1}$	相对标准偏差 %
1							
2							
3							

2. 反应温度的测定

$CuSO_4$ 溶液的浓度_____$mol \cdot L^{-1}$,用量_____mL,Zn 粉_____g。反应时间与温度记录在表 2-12 中。

第二部分 基础训练实验

表 2-12 反应时间与温度的变化关系

时间 θ / min							
温度 T_2/℃							
时间 θ / min							
温度 T_2/℃							
时间 θ / min							
温度 T_2/℃							

3. 数据处理——作图法求 ΔT

实验所用的量热器并非一个严格的绝热装置,实验中,量热器不可避免地要吸收一部分热量,并和外界进行一部分热交换。加上温度滞后指示等各种因素,故本实验中加 Zn 粉后测得的温度均略低于完全绝热状态下体系应该升到的温度,同样体系最高观测点的温度也不能代表实际应该升到的最高温度。因此,实验中直接由温度指示所读的最高温度 T_2 偏离准确值。为此,应对实验所得的最高温度予以校正。常采用的是外推作图校正法。以时间为横坐标(单位为 min),温度为纵坐标(单位为℃),作温度-时间关系图(见图 2-5)。

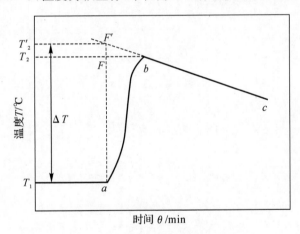

图 2-5 反应时间与温度的关系

由图 2-5 可以看出,此曲线可分为三个部分:第一部分为加 Zn 粉之前的恒温直线 T_1a 段,它是一条平行于横坐标的直线;第二部分是升温曲线 ab 段,由于反应放热,体系温度迅速上升;第三条为降温直线 bc 段,它是体系温度因热量损失随时间下降的点连成的近似直线。其中,a 为 Zn 粉的加入点,b 点为实验观测的最高温度点。体系实际最高温度点可近似由降温直线的反向延长线与过 a 点平行于纵坐标的直线的交点 F' 所对应纵坐标来代替,由 b 点作平行于横坐标的直线,与 aF' 直线相交于 F 点,FF' 线段即为反应中的热量损失引起的温降 Δt。

$$\Delta T = T_2 - T_1 + \Delta t = T_2' - T_1$$

将求得的 ΔT 代入式(2)即可求出反应热 $\Delta_r H_m^{\ominus}$。

4. 误差分析

由下列计算公式计算相对误差：

$$相对误差 = \left| \frac{\Delta_r H_{m\text{理论}}^{\ominus} - \Delta_r H_m^{\ominus}}{\Delta_r H_{m\text{理论}}^{\ominus}} \right| \times 100\%$$

如果相对误差大于10%，分析误差产生的原因。

(六)实验思考题

(1)络合滴定中,待测离子-指示剂络合物和待测离子-滴定剂络合物,要求何者更稳定？为什么？

(2)为什么需要标定 $CuSO_4$ 溶液的浓度,而不能直接计算浓度？

(3)实验中为什么用移液管移取已标定的 $CuSO_4$ 溶液,而不用量筒量取？

(4)计算公式中 ΔT 为什么不能直接由实验数据中的最高温度减去反应前的恒温温度点得到？怎样才能补偿体系的热量损失？

(5)实验中采用过量的锌粉与具有精确浓度和体积的 $CuSO_4$ 溶液反应,可否使用过量的硫酸铜溶液与定量的锌粉反应来进行反应热的测定？

第三部分 参数测定实验

实验6 化学反应速率与活化能的测定

(一)实验目的

(1)掌握化学反应速率的测定原理。
(2)加深浓度、温度、催化剂对反应速率影响规律的认识。
(3)掌握利用阿累尼乌斯公式测定化学反应的实验活化能的方法。
(4)练习使用作图法处理实验数据。

(二)实验原理

在酸性水溶液中,$KBrO_3$ 与 KI 发生以下反应:

$$6KI + KBrO_3 + 6NaHSO_4 \longrightarrow 3I_2 + KBr + 3K_2SO_4 + 3Na_2SO_4 + 3H_2O$$

其离子反应式为

$$6I^- + BrO_3^- + 6H^+ \longrightarrow 3I_2 + Br^- + 3H_2O \tag{3-1}$$

该反应的反应速率可表示为

$$v = \frac{\Delta c(BrO_3^-)}{\Delta t} = k \cdot c^x(BrO_3^-) \cdot c^y(I^-) \tag{3-2}$$

式中:v 为反应的平均速率;$\Delta c(BrO_3^-)$ 是 BrO_3^- 在 Δt 时间内物质的量的浓度的变化值;$c(BrO_3^-)$ 和 $c(I^-)$ 分别为反应物 BrO_3^- 和 I^- 的起始浓度($mol \cdot L^{-1}$);k 为反应的速率常数,两反应物的幂次之和$(x+y)$为反应的级数。

可以看出,在本实验中只要测定出在 Δt 时间内 BrO_3^- 的浓度的改变值,就可以计算出反应速率表达式中的速率常数 k 和反应级数$(x+y)$。

1. 反应速率常数 k 的求取

由于反应一开始,就有产物 I_2 生成,这样就无法利用淀粉指示剂表明在 Δt 时间内反应(3-1)的变化情况。为了测定在一定时间(Δt)内 BrO_3^- 浓度的变化量,可向 KI 溶液中先加入一定体积已知浓度的硫代硫酸钠($Na_2S_2O_3$)和淀粉溶液,然后再与用 $NaHSO_4$ 酸化后的 $KBrO_3$ 溶液混合。这样在反应(3-1)进行的同时,还发生以下反应:

$$2S_2O_3^{2-} \longrightarrow I_2 = S_4O_6^{2-} + 2I^- \tag{3-3}$$

由于反应(3-3)的反应速率比反应(3-1)快得多,由反应(3-1)生成的 I_2 会立即与 $S_2O_3^{2-}$ 作用,生成无色的连四硫酸根 $S_4O_6^{2-}$ 和碘离子 I^-,这样在反应开始后的一段时间内就看不到碘与淀粉作用而显示出的蓝色,一旦 $Na_2S_2O_3$ 消耗完后,由反应(3-1)生成的微量碘就立即与淀粉作用,使溶液显示蓝色。从反应(3-1)(3-3)的物质的量的关系可以看出,反应(3-1)每消耗 1 mol BrO_3^-,反应(3-3)就会消耗 6 mol $S_2O_3^{2-}$,因此它们浓度变化量的关系应为

$$\Delta c(BrO_3^-) = \frac{\Delta c(S_2O_3^{2-})}{6} \tag{3-4}$$

由于在记录的 Δt 时间内,$S_2O_3^{2-}$ 全部消耗完,浓度变为零,所以 $\Delta c(S_2O_3^{2-})$ 就是 $Na_2S_2O_3$ 的起始浓度。这样就可以利用 $Na_2S_2O_3$ 的起始浓度值代替在 Δt 时间内 $\Delta c(S_2O_3^{2-})$ 的值,它们之间的关系应为

$$\frac{\Delta c(BrO_3^-)}{\Delta t} = \frac{\Delta c(S_2O_3^{2-})}{6\Delta t} = k \cdot c^x(BrO_3^-) \cdot c^y(I^-) \tag{3-5}$$

所以

$$k = \frac{\Delta c(S_2O_3^{2-})}{6\Delta t \cdot c^x(BrO_3^-) \cdot c^y(I^-)} \tag{3-6}$$

2. 反应级数的求取

在定温下,分别固定 $c(BrO_3^-)$ 和 $c(I^-)$,而改变对应的 $c(I^-)$ 和 $c(BrO_3^-)$,可以测定出不同的 v 值。在固定 $c(I^-)$ 而改变 $c(BrO_3^-)$ 时,利用下面的关系即可求出该反应中 $c(BrO_3^-)$ 的幂次方 x 的值。

$$\frac{v_1}{v_2} = \frac{k \cdot c_1^x(BrO_3^-) \cdot c^y(I^-)}{k \cdot c_2^x(BrO_3^-) \cdot c^y(I^-)} = \frac{c_1^x(BrO_3^-)}{c_2^x(BrO_3^-)} \tag{3-7}$$

又因为 $\frac{v_1}{v_2} = \frac{\Delta t_2}{\Delta t_1}$,代入式(3-7)取对数并整理可得

$$x = \frac{\ln \frac{\Delta t_2}{\Delta t_1}}{\ln \frac{c_1(BrO_3^-)}{c_2(BrO_3^-)}} \tag{3-8}$$

同理,若 $c(BrO_3^-)$ 不变而改变 $c(I^-)$,则可求出 y 值,$x+y$ 的值即为该反应的级数。已知本实验中 $x=1, y=1$(x、y 均为实验测出值)。

3. 反应活化能的求取

按照阿累尼乌斯公式,化学反应的速率与反应的温度之间的关系应为

$$\lg \frac{k}{[k]} = \frac{-E_a}{2.303RT} + A \tag{3-9}$$

式中:E_a 为反应的实验活化能;R 为气体常数($R=8.314 J \cdot mol^{-1} \cdot K^{-1}$),$T$ 为温度(K);A 为常数(对于同一反应 A 为定值)。根据实验数据计算出不同温度下的 k 值,以 $\lg \frac{k}{[k]}$ 对

$\frac{1}{T}$ 作图,可得一条直线(见图 3-1),a 和 b 的值均可通过作图法求出,其中 a 为正值,b 为负值,直线的斜率为 $\frac{a}{b}$。依据公式(3-5),直线的斜率等于 $\frac{-E_a}{2.303R}$,即

$$E_a = -\frac{a}{b} \times 2.303\,R \quad (J \cdot mol^{-1}) \tag{3-10}$$

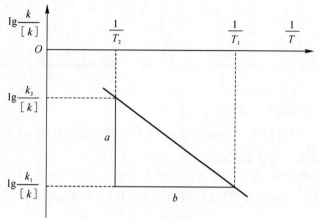

图 3-1 活化能测定

(三)实验器具和药品

1. 实验器具

实验器具列于表 3-1 中。

表 3-1 实验 6 的实验器具

序号	仪器名称	型号或规格	数量	备注
1	玻璃试管	25 mL	6 支	
2	锥形瓶	150 mL	1 个	
3	玻璃量杯	10 mL	6 个	
4	玻璃烧杯	50 mL	1 个	
5	电动磁力搅拌器		1 台	
6	秒表		1 块	
7	数显恒温水浴(公用)		6 台	公用
8	玻璃温度计(公用)	0~100 ℃	1 支	
9	玻璃棒		1 根	
10	烘干机		2 台	公用
11	自动加液器		6 台	公用

2. 实验药品

实验药品列于表 3-2 中。

表 3-2　实验 6 的实验药品

序号	药品名称	浓度	序号	药品名称	浓度
1	KI	0.01 mol·L^{-1}	5	KNO$_3$	0.01 mol·L^{-1}
2	KBrO$_3$	0.04 mol·L^{-1}	6	KNO$_3$	0.04 mol·L^{-1}
3	Na$_2$S$_2$O$_3$	0.001 mol·L^{-1}	7	(NH$_4$)$_6$Mo$_7$O$_{24}$·4H$_2$O	0.06 mol·L^{-1}
4	NaHSO$_4$	0.01 mol·L^{-1}	8	淀粉指示剂	0.2%

(四) 实验内容

1. 浓度对化学反应速率的影响

(1) 按照表 3-3 中实验编号 1，在室温下用 3 个量杯分别量取 KI 溶液、Na$_2$S$_2$O$_3$ 溶液和淀粉指示剂，全部加入锥形瓶中。

(2) 将磁子放入锥形瓶，并开启磁力搅拌器使上述溶液均匀混合，开启速度不宜太快。

(3) 再用 2 个量杯分别量取 KBrO$_3$ 溶液和 NaHSO$_4$ 溶液，加入试管中，并轻轻转动使之均匀。

(4) 迅速将试管中的溶液倒入正在搅拌中的锥形瓶中，同时开启秒表计时。当溶液刚刚出现蓝色时，立即停表，关闭磁力搅拌器并记录时间，填入表 3-3 中。

(5) 用同样的方法，按照表 3-3 中试验编号 2、3 栏各试剂的用量进行另外两次实验。表中的 KNO$_3$ 是为了补足反应体系的总体积并保持相关物质的离子强度而加入的。

表 3-3　浓度、催化剂对反应速率的影响实验试剂用量

	实验编号	1	2	3	4
试剂用量/mL	KI (0.01 mol·L^{-1})	10	5	10	5
	KBrO$_3$ (0.04 mol·L^{-1})	10	10	5	10
	Na$_2$S$_2$O$_3$ (0.001 mol·L^{-1})	10	10	10	10
	NaHSO$_4$ (0.2 mol·L^{-1})	10	10	10	10
	淀粉指示剂 (0.2%)	2	2	2	2
	KNO$_3$ (0.01 mol·L^{-1})	0	5	0	5
	KNO$_3$ (0.04 mol·L^{-1})	0	0	5	0
	(NH$_4$)$_6$Mo$_7$O$_{24}$·4H$_2$O (0.06 mol·L^{-1})	0	0	0	1 滴
反应物混合后浓度	KI				
	KBrO$_3$				
	Na$_2$S$_2$O$_3$				
反应时间 t/s					
反应速率常数 k					

2. 催化剂对反应速率的影响

按照表3-3中编号4的试剂用量,向锥形瓶加入1滴钼酸铵溶液,其余操作方法同前述实验。将实验结果与反应物浓度相同而未加催化剂的实验相比较。

3. 温度对反应速率的影响

(1)按表3-4实验编号,在试管中加入 $KBrO_3$ 和 $NaHSO_4$ 溶液;在另一锥形瓶中加入 KI、$Na_2S_2O_3$ 和淀粉溶液。

(2)将磁子放入锥形瓶,并开启磁力搅拌器使上述溶液均匀混合,开启速度不宜太快;

(3)在室温下把试管中的溶液迅速倒入锥形瓶中,立即卡表记录时间(从溶液混合开始,到刚一出现蓝色时为止这一段时间,注意记录时间以秒为单位,应读至小数点后一位)。

(4)分别在高于室温约10 ℃、20 ℃、30 ℃的恒温槽中重复上述实验。注意先将锥形瓶和试管分别置于恒温槽恒温5~8 min,而后将装有 $KBrO_3$ 溶液的试管取出,并迅速倒入仍在恒温槽中的锥形瓶,记录反应时间和温度(以水浴锅上的温度计为准)。

(5)将上述4次实验数据填入表3-4中并计算 k 值、$\lg\dfrac{k}{[k]}$ 值和 $\dfrac{1}{T}$ 值。

表3-4 温度对反应速率的影响实验试剂用量

实验编号		1	2	3	4
温度		室温	室温+10 ℃	室温+20 ℃	室温+30 ℃
实测温度/℃					
试剂用量/mL	KI (0.01 mol·L^{-1})	5	5	5	5
	KBrO$_3$ (0.04 mol·L^{-1})	5	5	5	5
	Na$_2$S$_2$O$_3$ (0.001 mol·L^{-1})	5	5	5	5
	NaHSO$_4$ (0.2 mol·L^{-1})	5	5	5	5
	淀粉指示剂 (0.2%)	2	2	2	2
反应物起始浓度/(mol·L^{-1})	KI				
	KBrO$_3$				
	Na$_2$S$_2$O$_3$				
反应时间 t/s					
反应速率常数 k					

4. 用作图法求出反应的活化能

(1)以实验报告中求出的 $\dfrac{1}{T}$ 值为横坐标、$\lg\dfrac{k}{[k]}$ 值为纵坐标作图(为一条直线)。

(2)由图求出直线的斜率 $\dfrac{a}{b}$。

(3)由公式 $E_a = -\dfrac{a}{b} \times 2.303 R$ 求取活化能,注意 $E_a > 0$。

(五)实验思考题

(1)为什么不能按质量作用定律直接写出反应速率方程 $v = k \cdot c(BrO_3^-) \cdot c^6(I^-)$？

(2)浓度和温度对反应速率的影响有何差异？

(3)反应时试剂的浓度是否与该试剂的起始浓度相同？

(4)实验中为什么可以用溶液出现蓝色的时间长短来计算反应速率？反应体系中一旦出现蓝色,反应是否就终止了？

(5)下列情况对实验结果有何影响？

 a. 取用 6 种试剂的量杯没有分开使用；

 b. 不加或少加 $NaHSO_4$ 溶液；

 c. 慢慢加入 $KBrO_3$ 混合溶液；

 d. 反应体系不加搅拌。

6. 酸度对本实验反应速率有无影响？速率方程中为何没有体现？

实验 7　分光光度法测定溴百里酚蓝的解离常数

(一)实验目的

(1)掌握分光光度法测定溴百里酚蓝的解离常数的原理。

(2)了解分光光度计和酸度计的原理,掌握其使用方法。

(3)练习溶液的配制方法,提高仪器操作技能。

(4)加深对缓冲溶液、弱酸弱碱解离的理解。

(二)实验原理

1. 解离常数测定原理

溴百里酚蓝是常用的酸碱指示剂,也是弱电解质,在溶液中存在如下解离平衡：

$$HIn \rightleftharpoons H^+ + In^-$$

其解离常数为

$$K_a^\ominus = \frac{c_r(In^-) c_r(H^+)}{c_r(HIn)} \tag{3-11}$$

取负对数得其解离常数 pK_a 值与 pH 的关系：

$$pK_a^\ominus = pH - \log \frac{c_r(In^-)}{c_r(HIn)}$$

或写成

$$pH = pK_a^\ominus + \log \frac{c_r(In^-)}{c_r(HIn)} \tag{3-12}$$

只要测得溴百里酚蓝溶液的 pH 值和 $\dfrac{c_r(In^-)}{c_r(HIn)}$,就可以计算 pK_a。本实验采用酸度计测定 pH 值,利用分光光度计测定 $\dfrac{c_r(In^-)}{c_r(HIn)}$。

2.浓度比测定原理

HIn 与 In⁻ 的吸收光谱如图 3-3 所示。当溶液 pH<4 时,溴百里酚蓝几乎没有解离,全部以 HIn 形式存在,在波长 λ(通常选择其最大吸收波长 λ_{max})下,溶液的吸光度与浓度之间的关系为

$$A^0_{\text{HIn}} = \varepsilon_{\lambda,\text{HIn}} b c_r(\text{HIn}) = \varepsilon_{\lambda,\text{HIn}} \cdot b \cdot c^0 \quad (3-13)$$

同理,当溶液 pH>10 时,溴百里酚蓝几乎全部解离,以 In⁻ 形式存在,测得的吸光度为

$$A^0_{\text{In}^-} = \varepsilon_{\lambda,\text{In}^-} b c_r(\text{In}^-) = \varepsilon_{\lambda,\text{In}^-} b \cdot c^0 \quad (3-14)$$

当溶液部分解离时,溶液中 HIn 与 In⁻ 共存,测得的吸光度为 HIn 和 In⁻ 吸光度之和,即

$$A_x = \varepsilon_{\lambda,\text{HIn}} b c_r(\text{HIn}) + \varepsilon_{\lambda,\text{In}^-} b c_r(\text{In}^-) \quad (3-15)$$

由于 HIn 与 In⁻ 的浓度之和等于弱电解质的总浓度 c^0,即

$$c^0 = c_r(\text{HIn}) + c_r(\text{In}^-) \quad (3-16)$$

将式(3-13)~式(3-16)联立求解,得

$$\frac{c_r(\text{In}^-)}{c_r(\text{HIn})} = \frac{A^0_{\text{HIn}} - A_x}{A_x - A^0_{\text{In}^-}} \quad (3-17)$$

3.作图依据

将式(3-17)代入式(3-12),得

$$\text{pH}_x = \text{p}K_a + \log\frac{A^0_{\text{HIn}} - A_x}{A_x - A^0_{\text{In}^-}} \quad (3-18)$$

因此 pK_a 可以通过式(3-18)计算求得。各式中,ε 为摩尔吸光系数,c^0 为溴百里酚蓝的总浓度,A^0_{HIn} 为强酸介质中的吸光度,$A^0_{\text{In}^-}$ 为强碱介质中的吸光度,A_x 为中间 pH 值介质中的吸光度。

为了减小测定误差,实验中采用作图法求得 pK_a。以 pH 对 $\log\dfrac{A^0_{\text{HIn}} - A_x}{A_x - A^0_{\text{In}^-}}$ 作图,得一直线(见图 3-4),其截距等于 pK_a。

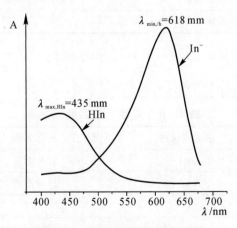

图 3-3 溴百里酚蓝的吸收光谱

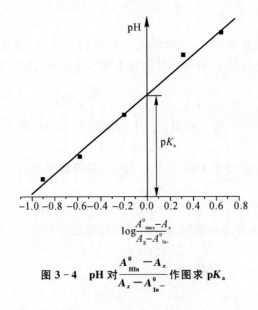

图 3-4 pH 对 $\log\dfrac{A^0_{HIn}-A_x}{A_x-A^0_{In^-}}$ 作图求 pK_a

(三)实验器具和药品

1. 实验器具

实验器具列于表 3-5 中。

表 3-5 实验 7 的实验器具

序号	名称	型号或规格	数量	备注
1	分光光度计	722S	6 台	公用
2	酸度计	pHS-3C	6 台	公用
3	比色管	25 mL	7 只	
4	比色皿	1 cm	4 只	
5	吸量管(或加液器)	1 mL	1 支	
6	吸耳球		1 个	

2. 实验药品

实验药品列于表 3-6 中。

表 3-6 实验 7 的实验药品

序号	药品名称	浓度或规格	序号	药品名称	浓度或规格
1	NaH_2PO_4	0.20 mol·L^{-1}	5	缓冲溶液	pH=6.86
2	K_2HPO_4	0.20 mol·L^{-1}	6	缓冲溶液	pH=9.18
3	HCl	6 mol·L^{-1}	7	KCl	3 mol·L^{-1}
4	NaOH	4 mol·L^{-1}	8	溴百里酚蓝溶液	0.03%,溶于20%乙醇

(四)实验步骤

1. 配制溶液

将 7 个 25 mL 比色管编号为 1～7。

在 1 号管中加入 1.00 mL 溴百里酚蓝溶液、4 滴 6 mol·L^{-1} HCl 溶液;2～6 号管中分别加入 1.00 mL 溴百里酚蓝溶液,再分别按表 3-7 加入相应体积的磷酸盐溶液;在 7 号管中加 1.00 mL 溴百里酚蓝溶液、5 滴 4 mol·L^{-1} NaOH 溶液。最后用蒸馏水稀释至 25 mL 处的刻度,摇匀。

表 3-7 试剂用量表

室温:_____℃   波长 λ:_____nm   测量日期:_____

编号	指示剂 mL	NaH$_2$PO$_4$ 溶液/mL	K$_2$HPO$_4$ 溶液/mL	其他试剂	pH	A	$\dfrac{A^0_{HIn}-A_x}{A_x-A^0_{In^-}}$	$\log\dfrac{A^0_{HIn}-A_x}{A_x-A^0_{In^-}}$
1	1.00	0	0	4 滴 HCl		$A^0_{HIn}=0$	—	—
2	1.00	5.0	2.5					
3	1.00	5.0	5.0					
4	1.00	2.5	5.0	—				
5	1.00	1.0	5.0					
6	1.00	1.0	10.0					
7	1.00	0	0	5 滴 NaOH		$A^0_{In^-}$	—	—

2. 用分光光度计测定溴百里酚蓝溶液

用分光光度计,在波长 λ=618 nm 下,以 1 号管溶液作参比溶液,按 2 号～7 号管的次序分别测定 6 个溶液的吸光度 A。

(1) 打开比色皿暗箱盖(与盖子联动的光路闸刀关闭),仪器开机,预热 20 min,转动波长调节旋钮,选择波长。

(2) 将盛有参比溶液和 2～4 号管待测溶液的比色皿依次置于比色皿架上。

(3) 按"模式"键,使透射比灯亮。

(4) 调"0%":将比色皿暗箱盖打开,此时光路闸刀被关闭,按"0%"按键。

(5) 调"100%":将比色皿暗箱盖合上,光路闸刀被打开,参比溶液对准光路,按"100%"按键,使透光率为100%。反复调"0%"和"100%",仪器稳定后即可测量。

(6) 测量:按"模式"键转换到"吸光度"模式,此时显示参比溶液的 A 为"0"。依次拉动比色皿架拉杆,使待测溶液进入光路,依次读出各溶液的吸光度。同法测定 5～7 号管溶液的吸光度。测量完毕,关闭电源,取出比色皿洗净后倒置放好。

(7) 注意事项:取放比色皿时,应捏住比色皿的两个磨砂面,保护透光面;比色皿外壁液体可用细软滤纸轻轻揩干;比色皿用水洗净后还需用待测溶液润洗数次。

3. 溴百里酚蓝溶液 pH 值的测定

用酸度计测定 2～6 号管溶液的 pH 值。pH 计的原理见实验 11。

(1)开机:插上电源,打开开关,预热仪器 10 min,用蒸馏水冲洗电极,用滤纸轻轻吸干。

(2)温度补偿调节:斜率项 $\dfrac{-2.303RT}{F}$ 与溶液的温度 T 成正比,因此要设置温度补偿器。进行操作时,利用酸度计的温度按键,将数字调整到测量时的室温,按动"确认"按键确认。

(3)定位调节:按酸度计的定位按键,将数字调整到已知的 pH=9.18 缓冲溶液的值上,按动"确认"按键确认。

(3)斜率调节:电极的实际斜率与理论值 $\dfrac{-2.303RT}{F}$ 有偏差,因此必须对电极的斜率进行补偿。按酸度计的斜率按键,将数字调整到已知的 pH=6.86 缓冲溶液的值上,按动"确认"按键确认。

(4)pH 值的测量:酸度计工作条件设置结束后,酸度计的"温度""定位""斜率"按键不应再有任何变动。依次按编号 6 号～2 号管的次序用酸度计分别测出溶液的 pH 值。

(5)测量完毕,应关闭电源开关,用蒸馏水冲洗电极,套好电极帽,填写仪器使用登记本,经教师签字验收后方可离开。

(6)注意事项:测量前和测量后都应用蒸馏水清洗电极以保证测量精度;电极浸入被测溶液后,需摇动比色管以加速响应,读数时需静止放置以稳定读数;复合电极前端的敏感玻璃球泡不能与硬物接触,吸水纸擦拭时注意轻轻洇干即可。

(五)思考题

(1)本实验测定溴百里酚蓝的解离常数的原理是什么?

(2)实验中添加不同 NaH_2PO_4 和 K_2HPO_4 的作用是什么?

(3)不同 pH 的溶液,溴百里酚蓝的解离度如何变化?试利用本实验的数据验证。

(4)酸度计使用时应注意些什么?酸度计定位的目的是什么?

(5)使用分光光度计时,操作上应注意哪些方面?

[附] 分光光度计原理

分光光度计是利用物质对单色光的选择性吸收来测定物质含量的仪器。这些仪器的型号和结构虽然不同,但工作原理基本相同。

当一束波长一定的单色光通过有色溶液时,一部分光被吸收,一部分光则通过溶液,吸收的程度越大,通过溶液的光就越少。设入射光的强度为 I_0,透过光的强度为 I_t,则 $\dfrac{I_t}{I_0}$ 称为透光率,以 T 表示,即

$$T = \dfrac{I_t}{I_0}$$

有色溶液对光的吸收程度用吸光度 A 表示：

$$A = \log \frac{I_0}{I_t}$$

吸光度 A 与透光率 T 的关系为

$$A = -\log T$$

实验证明，溶液对光的吸收程度与溶液浓度、液层厚度及入射光的波长等因素有关。如果保持入射光波长不变，则溶液对光的吸收程度只与溶液的浓度和液层厚度有关。这就是朗伯-比尔(Lambert-Beer)定律，又称为光的吸收定律。朗伯-比尔定律的数学表达式为

$$A = \varepsilon \cdot b \cdot c$$

式中：ε 为摩尔吸光系数（$L \cdot mol^{-1} \cdot cm^{-1}$）；$b$ 为溶液层的厚度（cm）；c 为溶液浓度（单位为 $mol \cdot L^{-1}$），它与入射光的性质、温度等因素有关。当入射光波长一定时，ε 为溶液中有色物质的一个特征常数。由朗伯-比尔定律可知，当液层的厚度 b 一定时，吸光度 A 就只与溶液的浓度 c 成正比，这就是分光光度法测定物质含量的理论基础。

实验 8 电位法测定配离子的配位数及稳定常数

(一)实验目的

(1)了解实验原理，熟悉有关能斯特方程的计算。
(2)测定乙二胺合银(I)配离子的配位数及稳定数。
(3)掌握电位滴定法的基本操作技能和数据处理方法。
(4)探究配离子的形成过程和稳定性条件，加深对配位化学的认识。

(二)实验原理

在装有 Ag^+ 和乙二胺（$H_2NCH_2CH_2NH_2$，常用 en 表示）的混合水溶液的烧杯中，插入饱和甘汞电极和银电极（注：银电极可由失效的玻璃电极制得，破掉下端玻璃球，把靠近玻璃球上方的一端去除约 1 cm 长的玻璃套管，并在留下的套管中填满石蜡，以固定电极），两电极分别与酸度计的电极插孔相连，按下"mV"键，调整好仪器，测得两电极的电位差 E(mV)，则有

$$\begin{aligned} E &= \varphi_{Ag^+/Ag} - \varphi_{Hg_2Cl_2/Hg} \\ &= \varphi^\circ_{Ag^+/Ag} + 0.059\,1\lg c_{Ag^+} - 0.241 \\ &= 0.800 - 0.241 + 0.059\,1\lg c_{Ag^+} \\ &= 0.559 + 0.059\,1\lg c_{Ag^+} \end{aligned}$$

(注：25 ℃ 时饱和甘汞电极电势为 0.241 V。)

含有 Ag^+ 和 en 的溶液中，必定会存在着下列平衡：

$$Ag^+ + n\,en \rightleftharpoons [Ag(en)_n]^+$$

$$K_{稳} = \frac{c_{[Ag(en)_n]^+}}{c_{Ag^+} \cdot c_{en}^n}$$

$$c_{Ag^+} = \frac{c_{[Ag(en)_n]^+}}{K_{稳} \cdot c_{en}^n}$$

两边取对数,得

$$\lg c_{Ag^+} = -n\lg c_{en} + \lg c_{[Ag(en)_n]^+} - \lg K_{稳} \qquad (3-19)$$

若使$[Ag(en)_2]^+$浓度基本保持恒定,则将$\lg c_{Ag^+}$对$\lg c_{en}$作图,可得一直线,由直线斜率求得配位数n,由直线截距$\lg c_{[Ag(en)_n]^+} - \lg K_{稳}$,求得$K_{稳}$。

由于$[Ag(en)_2]^+$配离子很稳定,当体系中en的浓度远远大于Ag^+的浓度时,有

$$c_{[Ag(en)_n]^+} \approx c_{Ag^+}$$

测定两电极间的电位差E,即可通过式(3-19)求得不同c_{en}时的$\lg c_{Ag^+}$。

(三)实验器具和药品

1. 实验器具

实验器具列于表3-8中。

表3-8 实验8的实验器具

序号	名称	型号或规格	数量	备注
1	磁力搅拌器	LSC-20H	1台	
2	酸度计	PHS-3C	4台	公用
3	烧杯	250 mL	1个	
4	酸式滴定管	25 mL	1支	
5	吸量管	2 mL	1支	
6	甘汞电极	饱和	1支	
7	银电极	饱和	1支	

2. 实验药品

实验药品列于表3-9中。

表3-9 实验8的实验药品

序号	药品名称	浓度	序号	药品名称	浓度
1	$AgNO_3$	$0.2\ mol \cdot L^{-1}$	2	乙二胺溶液	$7\ mol \cdot L^{-1}$

(四)实验内容

(1)在250 mL干净烧杯中加入96 mL去离子水,用酸式滴定管加入2.00 mL已知准确浓度($7\ mol \cdot L^{-1}$)的en溶液,再用吸量管加入2.00 mL已知准确浓度($0.2\ mol \cdot L^{-1}$)的$AgNO_3$溶液。

(2)向烧杯中插入饱和甘汞电极和银电极,并把它们分别于酸度计的甘汞电极接线柱和玻璃电极插口相接。按下酸度计的"mV"键,在搅拌下测定两电极电位差E,这是第一次测

定值。

(3) 用酸式滴定管向烧杯中再加入 1.00 mL en 溶液(此时累计加入的 en 溶液为 3.00 mL),并测定相应的 E。

(4) 再用酸式滴定管继续向烧杯中加 4 次 en 溶液,每次加入 en 溶液的体积分别为 1.00 mL、1.00 mL、2.00 mL、3.00 mL,并测定相应的 E。将实验数据填入表 3-10 中。

(五)数据记录及处理

处理实验数据并将相应结果填放表 3-10 中。

表 3-10 加入不同体积 en 后的数据记录和结果处理表

测定次数	1	2	3	4	5	6
加入 en 溶液累计体积/mL						
E/V						
$c_{en}/(mol \cdot L^{-1})$						
$\lg c_{en}$						
$\lg c_{Ag^+}$						

将 $\lg c_{Ag^+}$ 对 $\lg c_{en}$ 作图,由直线斜率和截距分别求算配离子的配位数 n 及 $K_{稳}$。由于实验中总体积变化不大,$[Ag(en)_n]^+$ 可被认为是一个定值,且

$$c_{[Ag(en)_n]^+} \approx \frac{V_{AgNO_3} \cdot c_{AgNO_3}}{(V_1+V_6)/2}$$

式中:V_{AgNO_3}、c_{AgNO_3} 分别为加入的 $AgNO_3$ 溶液的体积和浓度;V_1、V_6 分别为第 1 次和第 6 次测定 E 时的总体积。

(六)实验思考题

(1) 在本实验中,为什么要使用饱和甘汞电极作为参比电极?它在实验中起到了怎样的作用?

(2) 在进行电位滴定实验时,为什么要保持搅拌速度恒定?如果搅拌速度不恒定,可能会对实验结果产生怎样的影响?

(3) 参考上述实验,自己设计步骤测定:

a. $[Ag(S_2O_3)_2]^{2-}$ 和 $[Ag(NH_3)_2]^+$ 等配离子的配位数及稳定常数;

b. AgBr 和 AgI 等难溶盐的 $K_{sp}^{\ominus}$。

实验 9 分光光度法测定碘酸铜的溶度积常数

(一)实验目的

(1) 练习饱和溶液的配制。

(2) 测定碘酸铜的溶度积,加深对溶度积概念的理解。

(3) 学习分光光度法测溶液浓度的方法。

(4)学习原子吸收法测溶液浓度的方法。

(二)实验原理

难溶电解质溶液的多相离子平衡遵循溶度积规则。例如,将硫酸铜溶液和碘酸钾溶液在一定温度下混合,反应后得碘酸铜沉淀,为难溶强电解质,在其饱和水溶液中存在下述动态平衡:

$$Cu(IO_3)_2(s) \rightleftharpoons Cu^{2+}(aq) + 2\,IO_3^-(aq)$$

$$K_{sp,Cu(IO_3)_2}^\ominus = \frac{c_{Cu^{2+}}}{c^\ominus} \cdot \left(\frac{c_{IO_3^-}}{c^\ominus}\right)^2 \quad\quad (3-20)$$

式中:$c(Cu^{2+})$ 和 $c(IO_3^-)$ 分别为平衡时 Cu^{2+} 和 IO_3^- 的浓度($mol \cdot L^{-1}$);$c^\ominus$ 为标准浓度($1\,mol \cdot L^{-1}$)。在一定温度下,$K_{sp}^\ominus$ 数值不因 Cu^{2+} 浓度或 IO_3^- 浓度的改变而改变。

在此饱和溶液中,$c_{IO_3^-} = 2c_{Cu^{2+}}$,因此,可以通过测定一定温度下碘酸铜饱和溶液中的 Cu^{2+} 或 IO_3^- 浓度,计算出此温度下其溶度积的值。

本实验利用 Cu^{2+} 能和 $NH_3 \cdot H_2O$ 生成深蓝色的配离子,且在一定浓度范围内 Cu^{2+} 浓度和 $[Cu(NH_3)_4]^{2+}$ 浓度成正比的原理,通过分光光度法或原子吸收法测定碘酸铜饱和溶液中的 Cu^{2+} 浓度,然后利用式(3-20)计算溶度积。

(三)实验器具和药品

1. 实验器具

实验器具列于表 3-11 中。

表 3-11 实验 9 的实验器具

序号	名称	型号或规格	数量	备注
1	电子台秤	0.01 g	4 台	公用
2	电热电磁搅拌器		1 台	
3	分光光度计	722	1 台	
4	原子吸收分光光度计	361MC	3 台	公用
5	烧杯	100 mL	2 个	
6	烧杯	50 mL	1 个	
7	布氏漏斗		1 个	
8	比色管	25 mL	7 只	
9	玻璃漏斗		1 个	
10	吸量管	10 mL	2 支	
11	比色皿	1 cm	4 只	
12	定性滤纸		若干	
13	吸耳球		1 个	

2. 实验药品

实验药品列于表 3-12 中。

表 3-12　实验 9 的实验药品

序号	药品名称	浓度或规格	序号	药品名称	浓度或规格
1	$CuSO_4 \cdot 5H_2O$	A.R.	3	$NH_3 \cdot H_2O$	1:1
2	KIO_3	A.R.	4	$CuSO_4$ 标准溶液	$0.01\ mol \cdot L^{-1}$

(四)实验内容

1. 碘酸铜沉淀的制备

用两个烧杯分别称取 2.0 g $CuSO_4 \cdot 5H_2O$、3.4 g KIO_3,加适量的蒸馏水,使它们完全溶解。将两溶液混合,置电磁电热搅拌器上,在 40 ℃ 左右搅拌 30 min,此时有大量的沉淀析出。静置至室温,弃去上层清液,用倾斜法将所得碘酸铜洗净(洗涤 4~5 次,每次用 10 mL 左右蒸馏水清洗),记录产品的外形、颜色及观察到的现象,最后进行减压过滤,将碘酸铜沉淀抽干备用。

2. 碘酸铜饱和液的配制

在上述制得的碘酸铜固体中加入蒸馏水 40 mL,在室温下搅拌 30 min,使其达到沉淀溶解平衡。用干的双层滤纸和干的漏斗将饱和溶液过滤,滤液收集于一个干燥的烧杯中。

3. 分光光度法测定饱和溶液中 Cu^{2+} 离子的浓度

(1)标准溶液的配置:在 5 个 25 mL 比色管中,用吸量管分别加入 0.0 mL、2.0 mL、4.0 mL、6.0 mL、8.0 mL 标准 $CuSO_4$ 溶液($0.01\ mol \cdot L^{-1}$),再分别加入 5.0 mL $NH_3 \cdot H_2O$ (1:1),加蒸馏水稀释至刻度,盖好塞子,摇匀。

(2)待测溶液的配制:在三个 25 mL 比色管中,用吸量管各加入 10.0 mL 碘酸铜饱和液,再加入 5.0 mL $NH_3 \cdot H_2O$(1:1),加蒸馏水稀释至刻度,盖好塞子,摇匀。

(3)溶液中 Cu^{2+} 的浓度:采用分光光度法测定,以试剂空白为参比(即不含 Cu^{2+}),选用 1 cm 比色皿,选择入射光波长为 600 nm,用可见光分光光度计分别测定溶液吸光度。以标准溶液的 Cu^{2+} 浓度为横坐标、吸光度值(A)为纵坐标,绘制工作曲线。根据工作曲线,由待测溶液的吸光度值,计算 Cu^{2+} 的浓度,换算出饱和溶液中 Cu^{2+} 的浓度,计算碘酸铜的溶度积。

4. 原子吸收法测定饱和溶液中 Cu^{2+} 离子的浓度

饱和溶液中 Cu^{2+} 离子的浓度也可用原子吸收法测定。以试剂空白为参比(即不含 Cu^{2+}),测定波长为 600 nm,用原子吸收分光光度计分别测定溶液吸光度。以标准溶液的 Cu^{2+} 浓度为横坐标、吸光度值(A)为纵坐标,绘制工作曲线。根据工作曲线,由待测溶液的吸光度值,计算 Cu^{2+} 离子的浓度,换算出饱和溶液中 Cu^{2+} 的浓度,计算碘酸铜的溶度积。

(五)实验思考题

(1)何谓溶度积?怎样用溶度积规则判断难溶电解质的生成和溶解?

(2)假设碘酸铜固体透过滤纸或者未达到沉淀-溶解平衡,对实验结果各有何影响?

(3)过滤饱和溶液时,为何漏斗、滤纸、承接溶液的烧杯都必须是干燥的?若是湿的,对实验结果有何影响?

(4)本实验为何在 600 nm 处测定吸光度?

实验 10　醋酸浓度和解离常数的测定

(一)实验目的

(1)掌握酸碱滴定分析的基本原理,练习滴定操作技术。

(2)掌握用 pH 计测定醋酸解离度和解离常数的原理和方法。

(3)练习溶液的配制方法,学会正确使用 pH 计。

(4)理解弱酸的解离度、解离常数与浓度的关系,掌握稀释定律。

(二)实验原理

1.酸碱滴定原理

滴定分析中,用一种已知准确浓度的滴定剂加到被测溶液中,直到滴定剂物质的量与被测物物质的量正好符合化学反应计量关系时,由所用去滴定剂的体积和浓度算出被测组分的浓度。

滴定分析需要有合适的方法确定滴定终点。酸碱滴定的终点可由酸碱指示剂的变色来确定。酸碱滴定时,通常还要配制标准溶液,即浓度准确已知的碱或酸液。

本实验学习用 NaOH 溶液测定醋酸溶液浓度。NaOH 溶液浓度需要预先用基准物质进行标定,常用的基准物是邻苯二甲酸氢钾($KHC_8H_4O_4$),指示剂为酚酞。

$$KHC_8H_4O_4 + NaOH = KNaC_8H_4O_4 + H_2O$$

可通过下列计算求出标准碱溶液的浓度。$KHC_8H_4O_4$ 的摩尔数。

$$n_{KHC_8H_4O_4} = \frac{m_{KHC_8H_4O_4}}{M_{KHC_8H_4O_4}}$$

同时也是 NaOH 的摩尔数,则 NaOH 溶液的浓度:

$$c(NaOH) = \frac{n_{(NaOH)}}{V}$$

其中,$m_{KHC_8H_4O_4}$ 为 $KHC_8H_4O_4$ 的质量;$M_{KHC_8H_4O_4}$ 为 $KHC_8H_4O_4$ 的摩尔质量(204.2 g·mol^{-1});V 为溶液体积(L)。

邻苯二甲酸氢钾作为基准物的优点是:①易于获得纯品;②易于干燥,不易吸湿;③摩尔质量大,可降低相对称量误差。

2.醋酸浓度的测定

乙酸(俗称醋酸,简写为 HAc)为较强的弱酸($K_a = 1.8 \times 10^{-5}$),可用 NaOH 标准溶液直接滴定。反应方程式如下:

$$NaOH + HAc = NaAc + H_2O$$

以 0.1 mol·L^{-1} NaOH 标准溶液滴定 0.1 mol·L^{-1} HAc 溶液,化学计量点 pH 为 8.7,pH 突跃范围为 7.7～9.7,因此可选择酚酞(变色 pH 范围为 8.0～10.0)作指示剂指示滴定终点。终点时溶液由无色突变到微红色。

3. 醋酸解离常数的测定

醋酸是弱电解质,在水溶液中存在下列平衡:

$$HAc \rightleftharpoons H^+ + Ac^-$$

其解离平衡常数的表达式为

$$K_a^\ominus = \frac{c_{H^+} \cdot c_{Ac^-}}{c_{HAc}}$$

式中:c 为相关物质的平衡浓度。若 c_0 为 HAc 的起始浓度,α 为 HAc 的解离度,则有

$$\alpha = \frac{c_{H^+}}{c_0} \times 100\%$$

$$K_a^\ominus = \frac{c_{H^+}^2}{c_0(1-\alpha)}$$

当 $\alpha < 5\%$ 时,$1-\alpha \approx 1$,有

$$K_a^\ominus \approx \frac{c_{H^+}^2}{c_0}$$

或写成

$$c_{H^+} = \sqrt{c_0 K_a^\ominus}$$

取负对数得

$$pH = \frac{1}{2} pK_a^\ominus - \frac{1}{2} \lg c_0$$

由此可知,只要测得出已知浓度 HAc 溶液的 pH,就可以计算 $pK_a^\ominus$。为了消除测定误差,实验中用作图法求得 $pK_a^\ominus$。

以 pH 对 $\lg c_0$ 作图,得一直线(见图 3-5),其截距等于 $pK_a^\ominus/2$,由图中求得 pK_a。还可以利用 Excel、Origin 等软件作图,获取归一化线性方程及相关系数后,求得 $pK_a^\ominus$。

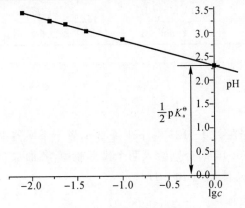

图 3-5 作图法求 pK_a

(三)实验器具和药品

1. 实验器具

实验器具列于表 3-13 中。

表 3-13 实验 10 的实验器具

序号	名称	型号或规格	数量	备注
1	pH 计	Phs-3c	1 台	
2	分析天平	0.1 mg	6 台	公用
3	碱式滴定管	25 mL	1 支	
4	吸量管	10.0 mL	1 支	
5	移液管	20 mL	1 支	
6	烧杯	50 mL	1 个	
7	锥形瓶	250 mL	3 个	
8	比色管	25 mL	5 只	
9	比色皿	1 cm	4 个	
10	吸耳球		1 个	
11	称量瓶		20 个	公用
12	小玻璃棒		1 根	

2. 实验药品

实验药品列于表 3-14 中。

表 3-14 实验 10 的实验药品

序号	药品名称	浓度或规格	序号	药品名称	浓度或规格
1	邻苯二甲酸氢钾	A.R.	4	缓冲溶液	pH=6.86
2	HAc	约 0.1 mol·L^{-1}	5	缓冲溶液	pH=4.00
3	NaOH	约 0.1 mol·L^{-1}	6	酚酞指示剂	0.2%酚酞乙醇溶液

(四)实验内容

1. 基准物质的称量

邻苯二甲酸氢钾预先在 100～125 ℃下干燥 2 h,置于干燥器中放冷备用。用减量法准确称出两份,每份 0.40～0.45 g,分别装入两个锥形瓶中,各加水 30 mL,放置溶解,加酚酞指示剂 2 滴,吹洗瓶壁至总体积约 40 mL。

2. NaOH 标准溶液的标定

用少量 NaOH 标准溶液浸洗干净的碱式滴定管 3 次,加入 NaOH 标准溶液,排出滴定管中的气泡,调节液面至零刻线之下,读出液面初读数 V_1(精确至 0.01 mL)。用 NaOH 标准溶液滴定至呈微红色且 30 s 内不褪色,即为终点。记录液面末读数 V_2,计算 NaOH 标准溶液的浓度。要求两份样品测定的相对平均偏差小于 0.2%,否则重新测定。

3.醋酸溶液浓度的测定

取干净的 20 mL 移液管,用待测醋酸溶液润洗 2~3 次,然后准确吸取 20 mL 待测醋酸溶液两份,分别置于两个锥形瓶中,各加 2 滴酚酞指示剂,分别用 NaOH 标准溶液滴定至溶液显微红色且 30 s 内不褪色,即为终点,计算醋酸溶液浓度,取其平均值。

4.醋酸解离常数的测定

(1)配制不同浓度的醋酸溶液。

将 5 个 25 mL 的比色管编成 1~5 号。将未经稀释的 HAc 溶液倒入 1 号比色管至 25 mL 刻度线。用吸量管分别量取 10 mL、6 mL、4 mL、2 mL 的已知准确浓度(约为 0.1 mol·L^{-1})的 HAc 溶液,分别放入 2~5 号比色管中,用蒸馏水稀释至刻度并摇匀,将实验所测数据填入表 3-16。

(2)醋酸溶液 pH 的测定。

pH 计的使用见实验 11。测定前需用标准缓冲溶液校准仪器。按由稀到浓的次序用酸度计分别测出溶液的 pH 值,记录室温和实验数据。根据上述实验原理处理数据,计算出 α 值,分析变化规律,并将 pH 对 lg$c$ 作图求出 p$K_a^\ominus$。

(五)数据记录与处理

1.NaOH 标准溶液的标定

将 NaOH 标准溶液的标定实验数据记录在表 3-15 中。

表 3-15 NaOH 标准溶液的标定实验记录

编号	基准物质质量/mg	基准物质的物质的量/mmol	V_1/mL	V_2/mL	NaOH 溶液体积/mL	NaOH 溶液浓度/(mol·L^{-1})	平均浓度/(mol·L^{-1})
1							
2							
3							

2.醋酸溶液浓度的测定

将醋酸溶液浓度的测定实验数据记录在表 3-16 中。

表 3-16 醋酸溶液浓度的测定实验记录

编号	HAc 溶液体积/mL	V_1/mL	V_2/mL	NaOH 溶液体积/mL	HAc 溶液浓度/(mol·L^{-1})	HAc 溶液平均浓度/(mol·L^{-1})
1						
2						
3						

3. 配制不同浓度的醋酸溶液

按表 3-17 配制不同浓度的醋酸溶液。

表 3-17 醋酸浓度的稀释

比色管编号	移取 HAc 溶液体积/mL	配制 HAc 溶液体积/mL	HAc 溶液浓度/(mol·L^{-1})
1	25	25	
2	10	25	
3	6	25	
4	4	25	
5	2	25	

4. pH 测定和数据处理

将醋酸溶液 pH 值的测定实验的数据记录在表 3-18 中。

表 3-18 醋酸溶液 pH 值的测定实验记录

比色管编号	HAc 溶液浓度/(mol·L^{-1})	lg$c$	pH	c_{H^+}/(mol·L^{-1})	α/%	p$K_a^\ominus$
1						
2						
3						
4						
5						

将其所求 p$K_a^\ominus$ 与理论值(4.76)进行比较,求出误差(%):

$$误差(\%) = \frac{pK_{a,测定}^\ominus - pK_{a,理论}^\ominus}{pK_{a,理论}^\ominus} \times 100\%$$

(六)实验思考题

(1)为什么移液管和滴定管必须用待装入的溶液洗涤?锥形瓶是否也要用待装溶液洗涤?

(2)每次滴定时,为什么要标准溶液加满至滴定管零点?

(3)如何断判滴定的终点?为什么以充分摇匀后溶液呈微红色且在 30 s 内不褪色的要求来判断终点?

(4)改变 HAc 溶液的浓度或温度,则解离度和解离常数有无变化?若有变化会是怎样的变化?

(5)"解离度越大,酸度就越大"这句话是否正确?为什么?

(6)测 pH 时为何要用干燥的烧杯?为何要按从稀到浓的次序测定?

第四部分 物质性质实验

实验 11 缓冲溶液的配制与性质实验

(一)实验目的

(1)掌握吸量管等玻璃仪器的规范操作。
(2)学习使用 pH 试纸和酸度计测量溶液 pH 的方法。
(3)巩固对缓冲溶液性质及影响缓冲容量因素的理解。
(4)学习缓冲溶液及常用等渗磷酸盐缓冲溶液的配制方法。

(二)实验原理

1.缓冲溶液原理

缓冲溶液通常是由一定浓度的弱酸(HB)及其共轭碱(B^-)、弱碱及其共轭酸或多元酸的酸式盐及其次级盐组成的溶液,具有抵抗外加少量酸碱或适当稀释而保持溶液 pH 基本不变的作用。

缓冲溶液的 pH 可用下式计算:

$$pH = pK_a + \lg\frac{[B^-]}{[HB]} = pK_a + \lg\frac{[共轭碱]}{[共轭酸]}$$

式中:方括号代表括号中物质的浓度;K_a 为共轭酸解离常数;[共轭碱]/[共轭酸]称为缓冲比。

缓冲溶液缓冲能力的大小可用缓冲容量 β 表示。缓冲容量的大小与缓冲溶液总浓度、缓冲组分的比值有关,有

$$\beta = 2.303 \times \frac{[HB] \times [B^-]}{[HB]+[B^-]} = 2.303 \times \frac{[B^-]}{1+\frac{[B^-]}{[HB]}}$$

可以看出:缓冲溶液的总浓度愈大,则缓冲容量愈大;在总浓度一定时,缓冲比趋向于 1,缓冲容量越大,当缓冲比为 1 时,缓冲容量达到极大值。

实验室中最简单的测定缓冲容量的方法是利用酸碱指示剂变色来进行判断。本实验使用了甲基红指示剂,其变色范围见表 4-1。

表 4-1 甲基红指示剂变色范围

pH	<4.2	4.2~6.3	>6.3
颜色	红色	橙色	黄色

磷酸盐缓冲溶液(PBS 缓冲液),是生物化学研究中使用最为广泛的一种缓冲液,主要成分为 Na_2HPO_4、KH_2PO_4、NaCl 和 KCl。由于 Na_2HPO_4 和 KH_2PO_4 有二级解离,缓冲的 pH 值范围很广,而 NaCl 和 KCl 的主要作用为增加盐离子浓度。

2. 电位法测定 pH 原理

pH 计测定溶液的 pH 是一种比较精确而又快速的方法(电位法)。pH 计的指示电极(常用玻璃电极)和参比电极(常用甘汞电极)与待测溶液组成一原电池:

$$玻璃电极 \mid 待测溶液(pH_x) \parallel 甘汞电极$$

甘汞电极的电极电势稳定不变,而玻璃电极的电极电势与待测液的 pH 有关,因此通过测定电池的电动势便可求得待测液的 pH,即

$$E_x = \varphi_{甘汞} - (\varphi_{玻}^\circ - 0.059 pH_x)$$

因 $\varphi_{玻}^\circ$ 不确定,故先用已知 pH 的标准液代替待测液测定电池电动势以求算 $\varphi_{玻}^\circ$,这称为定位或校正。

$$E_s = \varphi_{甘汞} - (\varphi_{玻}^\circ - 0.059 pH_s)$$

式中,0.059 由 $\dfrac{2.303RT}{F}$ 换算所得,该数值随温度而变。在 pH 计上可通过温度补偿加以校准。

上述两式相减便可求得 pH_x。

(三)实验器具和药品

1. 实验器具

实验器具列于表 4-2 中。

表 4-2 实验 11 的实验器具

序号	名称	型号规格	数量	备注
1	烧杯	50 mL	6	
2	烧杯	500 mL	1	
3	试管	5 mL	24	
4	具塞试管	5 mL	8	
5	容量瓶	50 mL	1	
6	吸量	5 mL	4	
7	吸管	1 mL	10	
8	试管架	40 孔	1	

续表

序号	名称	型号规格	数量	备注
9	滴管		1	
10	洗瓶		1	
11	酸度计	pHS-2C 型	1	公用
12	玻璃棒		1	
13	广泛 pH 试纸			

2. 实验药品

实验药品列于表 4-3 中。

表 4-3 实验 11 的实验药品

序号	药品名称	浓度或规格	序号	药品名称	浓度或规格
1	HAc 溶液	$0.10 \text{ mol} \cdot \text{L}^{-1}$	7	KH_2PO_4 溶液	$0.15 \text{ mol} \cdot \text{L}^{-1}$
2	NaAc 试剂	$0.10 \text{ mol} \cdot \text{L}^{-1}$	8	Na_2HPO_4 溶液	$0.10 \text{ mol} \cdot \text{L}^{-1}$
3	NaOH 溶液	$0.50 \text{ mol} \cdot \text{L}^{-1}$	9	标准缓冲溶液	pH=4
4	HCl 溶液	$0.50 \text{ mol} \cdot \text{L}^{-1}$	10	标准缓冲溶液	pH=6.86
5	KCl 溶液	$0.15 \text{ mol} \cdot \text{L}^{-1}$	11	标准缓冲溶液	pH=9.18
6	NaCl 溶液	$0.15 \text{ mol} \cdot \text{L}^{-1}$	12	$Na_2B_4O_7 \cdot H_2O$	$0.01 \text{ mol} \cdot \text{L}^{-1}$

(四)实验步骤

1. 缓冲溶液的配制与溶液 pH 测定

(1)PBS 缓冲溶液的配制。按照表 4-4 中试剂的用量,用吸量管或移液枪分别移取相应的溶液到 50 mL 容量瓶中,加入 0.15 mol·L^{-1} NaCl 溶液至刻度线,混合均匀,可得细胞培养用 PBS 缓冲溶液,备用。

表 4-4 细胞培养用 PBS 缓冲液的配制

试剂	$0.15 \text{ mol} \cdot \text{L}^{-1}$ KCl	$0.15 \text{ mol} \cdot \text{L}^{-1}$ KH_2PO_4	$0.10 \text{ mol} \cdot \text{L}^{-1}$ Na_2HPO_4
用量/mL	0.86	0.56	4.90

(2)pH 计的校正。

(3)PBS 溶液及自带试样溶液 pH 的测量。将配制好的 PBS 溶液和学生自己事先准备的待测溶液分别转移入 50 mL 烧杯中,先用广泛 pH 试纸测量 pH,再用 pH 计测量 pH,记录实验数据。

2. HAc-NaAc 缓冲溶液的配制与 pH 测定

按照表 4-5 中试剂的用量,用吸量管分别移取相应的溶液到已编号的 8 个 50 mL 烧杯中,分别配制普通溶液和缓冲溶液,用 pH 计分别测量这 8 种溶液的 pH,记录数据于表 4-5 中,并计算相关基础数据,备用。

表 4-5　HAc-NaAc 缓冲液配制

名称		普通溶液		高浓度缓冲溶液			低浓度缓冲溶液		
试管编号		NaAc	HAc	A	B	C	D	E	F
$0.50\text{mol}\cdot\text{L}^{-1}$ NaAc/mL		40.00	—	20.00	32.00	8.00			
$0.50\text{mol}\cdot\text{L}^{-1}$ HAc/mL			40.00	20.00	8.00	32.00			
$0.10\text{mol}\cdot\text{L}^{-1}$ NaAc/mL							20.00	32.00	8.00
$0.10\text{mol}\cdot\text{L}^{-1}$ HAc/mL							20.00	8.00	32.00
pH_1									
$V_总$/mL									
$c(\text{NaAc})/(\text{mol}\cdot\text{L}^{-1})$									
$c(\text{HAc})/(\text{mol}\cdot\text{L}^{-1})$									
$c_总=c(\text{NaAc})+c(\text{HAc})$									
缓冲比 $c(\text{NaAc})/c(\text{HAc})$									
$\beta=2.303\times([\text{B}^-]\times[\text{HB}])/[\text{B}^-]+[\text{HB}]$									

3. 缓冲溶液的性质及缓冲容量的影响因素

(1)抗酸能力测试及缓冲容量的影响因素。按照表 4-6 中试剂的用量,用吸量管分别移取相应的溶液到已编号的 8 支 10 mL 试管中,加入 $0.50\text{ mol}\cdot\text{L}^{-1}$ HCl 溶液 1 mL 滴混合,再测 pH,记录实验数据于表 4-6 中。

表 4-6　溶液的抗酸能力测试及缓冲容量的影响因素

试剂种类	NaAc	HAc	A	B	C	D	E	F
试剂用量/mL	8.00	8.00	8.00	8.00	8.00	8.00	8.00	8.00
$0.50\text{ mol}\cdot\text{L}^{-1}$ HCL 用量/mL	1.00	1.00	1.00	1.00	1.00	1.00	1.00	1.00
pH_2								
$\Delta pH=\|pH_2-pH_1\|$								
$\beta=\Delta n(\text{HCl})/(V\times\|\Delta pH\|)$								

(2)抗碱能力测试及缓冲容量的影响因素。按照表 4-7 中试剂的用量,用吸量管分别移取相应的溶液到已编号的 8 支 10 mL 试管中,加入 0.50 mol·L^{-1} NaOH 溶液溶液 3 滴混合,再测 pH,记录实验数据于表 4-7 中。

表 4-7 溶液的抗碱能力测试及缓冲容量的影响因素

试剂种类	NaAc	HAc	A	B	C	D	E	F
试剂用量/mL	8.00	8.00	8.00	8.00	8.00	8.00	8.00	8.00
0.50 mol·L^{-1} NaOH 用量/mL	1.00	1.00	1.00	1.00	1.00	1.00	1.00	1.00
pH$_2$								
ΔpH=|pH$_2$-pH$_1$|								
$\beta=\Delta n$(NaOH)/($V\times|\Delta$pH$|$)								

(3)抗稀释能力测试及缓冲容量的影响因素。按照表 4-8 中试剂的用量,用吸量管分别移取 1.5 mL 的溶液到已编号的 8 支 10 mL 试管中,加入 6 mL 水稀释,再测 pH,记录实验数据于表 54-8 中。

表 4-8 溶液的抗稀释能力测试及缓冲容量的影响因素

试剂种类	NaAc	HAc	A	B	C	D	E	F
试剂用量/mL	1.50	1.50	1.50	1.50	1.50	1.50	1.50	1.50
H$_2$O 用量/mL	6.00	6.00	6.00	6.00	6.00	6.00	6.00	6.00
$V_总$/mL	7.50	7.50	7.50	7.50	7.50	7.50	7.50	7.50
pH$_2$								
ΔpH=|pH$_2$-pH$_1$|								
$\beta=2.303\times([B^-]\times[HB])/([B^-]+[HB])$								

(五)实验思考题

(1)缓冲溶液为什么具有缓冲能力?它的 pH 值由哪些因素决定?NaHCO$_3$ 有没有缓冲能力?

(2)如何衡量缓冲溶液的缓冲能力大小?缓冲能力与哪些因素有关?

(3)为何每测量完一种溶液,复合电极需用蒸馏水洗净并吸干后才能测量另一种溶液?

(4)现有 H$_3$PO$_4$、HAc、H$_2$C$_2$O$_4$、H$_2$CO$_3$、HF 等几种酸及其盐,要配制 pH 为 2、10、12 的缓冲溶液,应该各选择何种缓冲体系?为什么?

(5)如果只有 HAc 和 NaOH,HCl 和 NH$_3$·H$_2$O,KH$_2$PO$_4$ 和 NaOH,能够进行上述实验吗?你会怎样设计实验?

实验 12　容量法测定银氨配离子的配位数及稳定常数

(一)实验目的

(1)计算银氨配离子的稳定常数 $K_{稳}^{\ominus}$。

(2)学会使用酸式或碱式滴定管。

(3)应用配位平衡和沉淀平衡等知识测定银氨配离子配位数 n 及稳定常数。

(二)实验原理

将过量的氨水加入硝酸银溶液中,生成银氨配离子 $[Ag(NH_3)_n]^+$。向此溶液中加入溴化钾溶液,直到刚出现的溴化银沉淀不消失(混浊)为止。这时,在混合溶液中同时存在两种平衡,即配位平衡:

$$Ag^+ + nNH_3 \rightleftharpoons [Ag(NH_3)_n]^+$$

$$\frac{c_{[Ag(NH_3)_n]^+}}{c_{Ag^+} \cdot c_{NH_3}^n} = K_{稳}^{\ominus} \tag{4-1}$$

和沉淀-溶解平衡:

$$AgBr \rightleftharpoons Ag^+ + Br^-$$

$$c_{Ag^+} \cdot c_{Br^-} = K_{sp}^{\ominus} \tag{4-2}$$

两反应式求和得到

$$AgBr + nNH_3 \rightleftharpoons [Ag(NH_3)_n]^+ + Br^-$$

该反应平衡常数为

$$K = \frac{c_{[Ag(NH_3)_n]^+} \cdot c_{Br^-}}{c_{NH_3}^n} = K_{稳}^{\ominus} \cdot K_{sp}^{\ominus} \tag{4-3}$$

整理后得

$$c_{Br^-} = \frac{K \cdot c_{NH_3}^n}{c_{[Ag(NH_3)_n]^+}} \tag{4-4}$$

式中:c_{Br^-}、c_{NH_3} 及 $c_{[Ag(NH_3)_n]^+}$ 均为平衡时的浓度。它们可以近似地计算如下:设每份溶液最初取用的 $AgNO_3$ 的体积为 V_{Ag^+}(每份相同),其浓度分别为 $c_{(Ag^+)_0}$ 每份加入的氨水(大量过量)和溴化钾溶液的体积分别为 V_{NH_3} 和 V_{Br^-},它们的浓度分别为 $c_{(NH_3)_0}$ 和 $c_{(Br^-)_0}$;混合溶液的总体积为 $V_{总}$,则混合后达到平衡时 c_{Br^-}、c_{NH_3} 和 $c_{[Ag(NH_3)_n]^+}$ 可根据公式 $c_1V_1 = c_2V_2$ 计算:

$$c_{Br^-} = c_{(Br^-)_0} \cdot \frac{V_{Br^-}}{V_{总}} \tag{4-5}$$

由于 $c_{(NH_3)_0} \gg c_{(Ag^+)_0}$,所以 V_{Ag^+} 中的 Ag^+ 可以认为全部被 NH_3 配合为 $[Ag(NH_3)_n]^+$,故

$$c_{[Ag(NH_3)_n]^+} = c_{(Ag^+)_0} \cdot \frac{V_{Br^-}}{V_{总}} \tag{4-6}$$

$$c_{NH_3} = c_{(NH_3)_0} \cdot \frac{V_{NH_3}}{V_总} \quad (4-7)$$

将式(4-5)～式(4-7)代入式(4-4)并整理得

$$V_{Br^-} = V_{NH_3}^n \cdot K \left(\frac{c_{(NH_3)_0}}{V_总} \right) \bigg/ \left(\frac{c_{(Br^-)_0}}{V_总} \right) \times \left(\frac{c_{(Ag^+)_0} \cdot V_{Ag^+}}{V_总} \right) \quad (4-8)$$

式(4-8)等号右边除 $V_{NH_3}^n$ 外,其他皆为常数,故式(8)可写为

$$V_{Br^-} = V_{NH_3}^n \cdot K' \quad (4-9)$$

将式(4-9)两边取对数,得直线方程:

$$\lg V_{Br^-} = n \lg V_{NH_3} + \lg K' \quad (4-10)$$

以 $\lg V_{Br^-}$ 为纵坐标、$\lg V_{NH_3}$ 为横坐标作图,求出直线斜率 n,即为 $[Ag(NH_3)_n]^+$ 的配位数 n。直线在纵坐标上截距为 $\lg K'$,由此可求得 K',再由 K' 和 AgBr 的 $K_{sp}^\ominus$ 可计算 $[Ag(NH_3)_n]^+$ 的 $K_稳^\ominus$。

(三)实验器具和药品

1. 实验器具

实验器具列于表 4-9 中。

表 4-9 实验 12 的实验器具

仪器名称	规格	单位	数量
酸式滴定管	50 mL	个	1
碱式滴定管	50 mL	个	1
锥形瓶	250 mL	个	3
移液管	20 mL	支	1
洗耳球		个	1
坐标纸			自备

2. 实验药品

实验药品列于表 4-10 中。

表 4-10 实验 12 的实验药品

药品名称	浓度
氨水	2.0 mol·L^{-1}
溴化钾溶液	0.010 mol·L^{-1}
硝酸银溶液	0.010 mol·L^{-1}

(四)实验内容

(1)用 20 mL 移液管量取 20.0 mL 0.010 mol·L^{-1} AgNO$_3$ 溶液,放入 250 mL 锥形瓶中。

（2）用碱式滴定管加入 30.0 mL 2.0 mol·L^{-1}氨水，用量筒量取 50.0 mL 蒸馏水倒入该瓶中，然后在不断摇动下，用酸式滴定管滴入 0.010 mol·L^{-1} KBr 溶液，直至开始产生 AgBr 沉淀，使整个溶液呈现很浅的乳浊色不再消失为止。记录加入的 KBr 溶液体积（V_{Br^-}）和溶液的总体积（$V_总$）于表 4-11 中。

（3）再用 25.0 mL、20.0 mL、15.0 mL、10.0 mL 2.0 mol·L^{-1} 氨水溶液重复上述（1）和（2）操作。在进行重复操作中，当接近终点后补加适量的蒸馏水（补加水体积等于第一次消耗的 KBr 溶液的体积减去这次接近终点所消耗的 KBr 溶液的体积），使溶液的总体积（$V_总$）与第一次滴定的体积相同。

（4）记录滴定终点时用去的 KBr 溶液的体积（V_{Br^-}）及补加的蒸馏水的体积于表 4-11 中。

（5）以 $\lg V_{Br^-}$ 为纵坐标、$\lg V_{NH_3}$ 为横坐标作图，求出直线斜率 n，从而计算出 $[Ag(NH_3)_n]^+$ 的配位数 n（取最接近的整数）。

根据直线在纵坐标上的截距 $\lg K'$ 求算 K'。利用已求出的配位数 n 和式（8）计算 K 值。然后利用式（4-3）求出银氨配离子的 $K_稳$ 值。

表 4-11 记录数据表格

混合溶液编号	V_{Ag^+}/mL	V_{NH_3}/mL	V_{H_2O}/mL	$V_{H_2O加}$/mL	V_{Br^-}/mL	$V_总$/mL	$\lg V_{NH_3}$	$\lg V_{Br^-}$
1								
2								
3								
4								
5								

（五）实验思考题

（1）测定银氨配离子配位数的理论依据是什么？如何利用作图法处理实验数据？

（2）在滴定时，以产生 AgBr 浑浊不再消失为终点，怎样避免 KBr 过量？若已发现 KBr 少量过量，能否在此实验基础上加以补救？

（3）实验中所用的锥形瓶开始时是否必须是干燥的？在滴定过程中，是否需用蒸馏水洗锥形瓶内壁？为什么？

（4）在计算平衡浓度 c_{Br^-}、c_{NH_3} 和 $c_{[Ag(NH_3)_n]^+}$ 时，为什么不考虑 AgBr 沉淀的 Br$^-$、AgBr 及配离子解离出来的 Ag$^+$，以及生成配离子时消耗的 NH$_3$ 等的浓度？

（5）在重复滴定操作过程中，为什么要补加一定量的蒸馏水使溶液的总体积（$V_总$）与第一次滴定的体积相同？

（6）所测定的 $K_稳$ 与硝酸银的浓度、氨水的浓度及温度各有怎样的关系？

实验13 电化学及其应用

(一)实验目的

(1)了解原电池的组成及其电动势的粗略测定。

(2)了解电解原理的应用——电镀。

(3)了解金属的电化学腐蚀及防护的基本原理和方法。

(4)了解阳极氧化的目的、基本操作及氧化膜耐腐蚀性能的检验方法。

(二)实验原理

1. 原电池

将氧化还原反应的化学能转变为电能的装置叫原电池。原电池一般由两个电极、电解质溶液和盐桥组成。在原电池中,氧化反应和还原反应分别在两个电极上进行:负极上发生氧化反应,正极上发生还原反应。电子从负极流出,经外电路流入正极。在两极上直接接上伏特计,可以测量出原电池此时的端电压,即粗略(因有电流流过伏特计,电极已经极化)测得原电池的电动势 E, $E=\varphi_+ - \varphi_-$。

2. 电镀——在铁上镀铜

电镀是利用外接直流电源,通过盛有一定电解质溶液(电镀液)的电镀槽(装置),向作为阴极的金属表面沉积上另一种金属(如 Cu,Zn 等)的过程。为了提高工件的防腐性能,工业上较多采取在钢铁构件上镀铬的技术。在铁上镀铜,主要目的是作为铬镀层之间的中间层,使底层金属与表面镀层很好地结合在一起。

要得到结合牢固、质量良好的镀层,必须首先做好镀件表面的除油、除锈,选择适合的电解液,控制一定的温度、电流密度等。

我们所选电镀液的成分为 $H_2C_2O_4$、氨水及 $CuSO_4$。用 $H_2C_2O_4$ 和氨水的目的是与 $CuSO_4$ 作用生成配位化合物盐 $(NH_4)_4[Cu(C_2O_4)_3]$(草酸铜铵),再从配离子中解离出浓度适中的 Cu^{2+},即

$$CuSO_4 + 4NH_3 \cdot H_2O \rightleftharpoons [Cu(NH_3)_4]SO_4 + 4H_2O$$

$$[Cu(NH_3)_4]SO_4 + 3H_2C_2O_4 \rightleftharpoons (NH_4)_4[Cu(C_2O_4)_3] + H_2SO_4$$

$$[Cu(C_2O_4)_3]^{4-} \rightleftharpoons Cu^{2+} + 3C_2O_4^{2-}$$

在电镀过程中,Cu^{2+} 在阴极上得电子被还原成 Cu 而沉积在阴极上。

在形成配离子后的电镀液中,自由金属离子的浓度低,使得镀出的镀层精细而均匀,紧密地镀在上面而不易剥落下来。

3. 金属的电化学腐蚀及其防护

金属的电化学腐蚀是由于金属组成的不均匀或其他因素,使金属表面产生电极电势不等的区域,当表面有电解质溶液时,即形成腐蚀电池而使金属遭受较快破坏的现象。腐蚀电池中,较活泼的金属总是作为阳极被氧化而腐蚀,而阴极仅起传递电子,使 H^+ 或 O_2 发生还原反应的作用,阴极本身不被腐蚀。

金属锌与盐酸本身可以发生氧化还原反应放出 H_2,但在形成与不形成原电池的两种情况下,腐蚀速率是不相等的。通过 Zn 粒＋HCl 以及 Cu 条＋Zn 粒＋HCl 的实验,可以观察到放出 H_2 速率的差异。

白铁皮的表面镀层 Zn 破损后,是哪种金属遭受腐蚀?实验中可用 $K_3[Fe(CN)_6]$(铁氰化钾)溶液来证明。若是铁被腐蚀,则生成的 Fe^{2+} 与 $[Fe(CN)_6]^{3-}$ 作用,生成特有的蓝色沉淀:

$$3Fe^{2+} + 2[Fe(CN)_6]^{3-} = Fe_3[Fe(CN)_6]_2 \downarrow (蓝色沉淀)$$

若是锌被腐蚀,生成的 Zn^{2+} 与 $[Fe(CN)_6]^{3-}$ 作用,生成淡黄色沉淀:

$$3Zn^{2+} + 2[Fe(CN)_6]^{3-} = Zn_3[Fe(CN)_6]_2 \downarrow (淡黄色沉淀)$$

在介质中,加入的少量能防止或延缓腐蚀过程的物质叫缓蚀剂。例乌洛托品、苯胺等可用作金属在酸性介质中的缓蚀剂。

外加直流电源,将被保护的金属与电源负极相连,由电源提供电子,降低金属的电势,可保护金属免遭腐蚀,称为阴极保护法。

4. 金属铝的阳极氧化

铝在空气中自然氧化表面形成的氧化膜(Al_2O_3)很薄,约 0.02~1 μm,不可能有效防止金属遭受腐蚀。用电化学方法在铝或铝合金表面生成较厚的致密氧化膜,该过程称为阳极氧化。阳极氧化可得到厚度几十甚至几百微米的表面氧化膜,使铝或铝合金的耐腐蚀性大大提高。除此而外,其耐磨性、硬度、电绝缘性等也都有很大提高,还可以用有机染料染成各种颜色。

本实验采用稀硫酸作电解液,以铅为阴极、铝为阳极,阳极氧化后可在铝表面形成无色氧化膜,两级反应如下:

阴极 $\qquad\qquad 2H^+ + 2e = H_2 \uparrow$

阳极 $\qquad 2Al + 3H_2O - 6e = Al_2O_3 + 6H^+$(主反应)

$\qquad\qquad H_2O - 2e = 0.5O_2 + 2H^+$ (次反应)

在电解过程中,硫酸又可使形成的氧化铝膜部分溶解,且硫酸浓度、电流密度、温度等均对氧化膜的形成有很大影响,故要得到一定厚度的氧化膜,必须控制一定的操作条件,使生成膜的速度高于膜的溶解速度。

为了提高膜的抗蚀、耐磨、绝缘等性能,减弱其对杂质和油污的吸附能力,在阳极氧化后需对铝片进行钝化处理。钝化可以采用热水封闭处理,其原理是利用无水三氧化二铝发生水化作用,使氧化物体积增大,将铝氧化膜孔隙封闭,反应式如下:

$$Al_2O_3 + H_2O = Al_2O_3 \cdot H_2O$$
$$Al_2O_3 + 3H_2O = Al_2O_3 \cdot 3H_2O$$

实验采用酸性 $K_2Cr_2O_7$ 溶液检验所形成氧化铝膜的耐酸腐蚀性能,检验反应为

$$2Al + Cr_2O_7^{2-} + 14H^+ = 2Al^{3+} + 2Cr^{3+}(绿色) + 7H_2O$$

(三)实验器具和药品

1. 实验器具

实验器具列于表 4-12 中。

表 4-12　实验 13 的实验器具

仪器名称	规格	单位	数量	备注
伏特计	0～3 V	个	若干	公用
烧杯	1 000 mL	个	1	公用
电炉	—	个	1	公用
直流稳压电源	0～30 V	个	1	公用
钢丝刷	—	把	若干	公用
锉刀	—	把	若干	公用
玻璃试管	10 mL	支	6	
点滴板	—	块	1	
电镀瓶	—	个	1	
有机玻璃片(带接线柱)	—	片	3	
铝片	—	片	3	
阳极卡板	—	片	1	
盐桥	—	个	1	
砂纸	—	片	若干	公用
滤纸条(若干)	—	片	若干	公用
电源线(带接线勾和金属夹)	—	根	2	
Cu 电极板(带接线柱)	—	片	1	
Zn 电极板(带接线柱)	—	片	1	
白铁皮	—	片	1	
小铁钉	—	枚	3	
大铁钉	—	枚	1	
Cu 棒	$\Phi 1 \times 200$ mm	根	1	
Zn 粒	$\Phi 2\sim 3$ mm	颗	1	

2. 实验药品

实验药品列于表 4-13 中。

表 4-13　实验 13 的实验药品

序号	药品名称	浓度或规格	序号	药品名称	浓度或规格
1	$ZnSO_4$	1 mol·L^{-1}	8	HNO_3	30%
2	$CuSO_4$	1 mol·L^{-1}	9	NaOH	1 mol·L^{-1}
3	HCl	0.1 mol·L^{-1}	10	$K_3[Fe(CN)_6]$	0.1%
4	HCl	1 mol·L^{-1}	11	酚酞试液	—
5	NaCl	1 mol·L^{-1}	12	乌洛托品	20%
6	KCl	饱和溶液	13	电镀液	—
7	H_2SO_4	20%	14	检验液	—

(四)实验内容

1. 原电池的组成和端电压(电动势)的测定

按照图 4-1 所示装置,将砂纸打磨后的 Zn 片插入 $ZnSO_4$ 溶液($1\ mol \cdot L^{-1}$),Cu 插入 $CuSO_4$ 溶液($1\ mol \cdot L^{-1}$),用 KCl 盐桥联通两个溶液。用导线将 Zn 片和 Cu 片分别与伏特计的负极和正极相连,组成原电池,测定并记录原电池的端电压(近似为电动势),写出相应的电极反应,比较测定值与理论电动势有何不同,为什么?如将盐桥取去,伏特计的指针指向何处?为什么?观察完毕,随即取出盐桥,用蒸馏水冲洗干净,放回饱和 KCl 溶液中。

2. 电镀——在铁上镀铜

(1) 镀件(铁钉)的预处理:用砂纸除去大铁钉上的铁锈,用水冲洗干净,再将铁钉浸在 HCl 溶液($1\ mol \cdot L^{-1}$)中 $1\sim 2\ min$,然后取出用水冲洗干净,擦干。

(2) 电镀:用上述 Cu-Zn 原电池为电源,铜棒作阳极接原电池正极,镀件(铁钉)作阴极接原电池的负极,如图 4-2 所示。注意该装置必须带电下槽,否则容易形成接触镀,镀层不牢固。电镀 10 min 后(时间未到之前,请继续后续实验,不要等待),取出铁钉观察是否已镀上了铜。

电镀液(1 L)配方:$CuSO_4$($10\sim 15\ g$),$H_2C_2O_4$($60\sim 100\ g$),氨水($65\sim 80\ mL$)。

(3) 取出镀件用水冲洗干净。

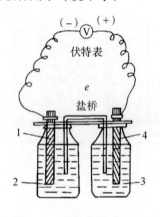

图 4-1 原电池装置示意图
1—Zn 片;2—$ZnSO_4$ 溶液;3—$CuSO_4$ 溶液;4—Cu 片

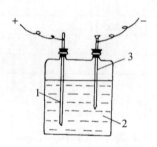

图 4-2 电镀示意图
1—铜棒;2—电镀液;3—铁钉

3. 金属的电化学腐蚀

(1) 锌粒腐蚀实验:往盛有约 2 mL 的 $0.1\ mol \cdot L^{-1}$ HCl 溶液的试管中加入 1 粒纯锌粒,观察现象,再插入一根打磨光亮的粗铜丝(铜棒)并与锌粒接触,观察前后现象有何不同,并解释(注意:实验完毕后,务必将锌粒洗净后放入回收瓶)。

(2) 镀锌铁腐蚀实验:取白铁皮(镀锌铁皮)一片,若表面有油污时,用去污粉刷洗后,再用滤纸将水分擦干。用锉刀在白铁皮上锉一深痕,务必使镀层破裂。将其放入点滴板的小窝中,放平,向锉痕处滴加 $1\ mol \cdot L^{-1}$ 的 HCl 和 0.1% 的 $K_3[Fe(CN)_6]$ 溶液各 1 滴,观察锉痕处的实验现象,说明是哪种金属被腐蚀了,为什么?

4. 缓蚀剂的作用

向两支试管中各放入一枚用砂纸擦净打光的小铁钉,向其中的一支试管中加入 5 滴 20% 的乌洛托品,向另一支中加入 5 滴蒸馏水,然后向两支试管中各加入 $1\sim 2$ mL 1 mol·L^{-1} 的 HCl 和 $1\sim 3$ 滴 0.1% 的 $K_3[Fe(CN)_6]$ 溶液(两试管中 HCl 和 $K_3[Fe(CN)_6]$ 溶液的加入量应相同)。放置相同时间,比较两试管中颜色出现的快慢和深浅是否相同,为什么?(注意:用过的铁钉洗净后供后面实验使用。)

5. 阴极保护法

将点滴板清洗干净,在小窝中配制腐蚀液(1 mol·L^{-1} NaCl 溶液 1 mL + 0.1% 的 $K_3[Fe(CN)_6]$ 溶液 3 滴)。将一个小的洁净的滤纸条浸入腐蚀液润湿,取出放到点滴板边缘平整处,将刚使用过的 2 枚小铁钉清洗干净,分别夹到 Cu-Zn 原电池的正、负极,间隔约 0.5 cm 平行放置到滤纸上,静置一段时间后,观察有何现象并解释之。向放置电极处滴加 1 滴酚酞试液,观察有何现象并予以解释。(注意:用过的小铁钉清洗干净后回收。)

6. 铝的阳极氧化

(1) 阳极化条件。

电解液:20% 的 H_2SO_4 溶液;电解电压 10 V;氧化时间 30 min。

电源操作:接线→打开电源开关(电源指示灯亮)→按输出按钮(out 灯、恒压输出 C.V 灯亮,输出电压 10 V,电流随负载变化)。

(2) 阳极氧化。

铝片准备:取 3 片铝片,将其表面用砂纸打光,并用蒸馏水冲洗干净;然后将铝片置于 1 mol·L^{-1} 的 NaOH 溶液中浸泡 30 s,取出并用蒸馏水冲洗直到铝片表面不挂水珠;最后将铝片置于 30% 的 HNO_3 中漂洗 $1\sim 2$ min,取出后用蒸馏水冲洗干净。

连接阴极:在有机玻璃槽中,盛 20% 的 H_2SO_4 溶液,约占槽体积的 1/3。将阴极铅板表面用钢丝刷打光、洗净,放入电解槽两边,并与电源负极连接,作为电解池阴极(见图 4-3)。

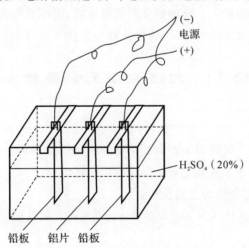

图 4-3 阳极氧化槽连接方式

连接阳极:将两片铝片夹在阳极卡板上,左、右各一片,并将阳极卡板与电源正极连接。

带电下槽:接通电源,并按电源的输出按钮(此时 out 灯亮,C.V. 显示 10 V),将阳极卡板放入电解槽中间,注意阴阳极板不能接触,观察并记录电流情况。

阳极氧化:通电 30 min 进行阳极氧化,取出铝片并立即用蒸馏水冲洗掉表面残余的硫酸,晾干。

(3)水封闭处理。

取一片阳极氧化铝片,置于沸腾的蒸馏水中煮 10~20 min(封闭处理),取出,晾干。

(4)检验耐腐蚀性能。

擦干 3 片铝片上的水,各滴上 1 滴检验液,比较并记录液滴变绿时间,写出反应方程式。

检验结束后,将铝片用水冲洗干净,以备下次重复使用。

(5)阳极氧化实验注意事项。

a. 电源各模式的输出值已经调整到位,请勿调整。

b. 实验过程中,不要使阴、阳极接触(包括导线和极板),以免短路。

c. 阳极氧化完成后,第一时间冲洗铝片,避免铝片上的酸溶解氧化膜。

d. 取出铅板时,应尽量避免硫酸滴在桌面上,可在阳极氧化槽内壁停靠 30 s 后,取出,用水冲洗。

(五)实验思考题

(1)原电池一般由哪几部分组成?若无伏特表,可以根据什么说明是否有电流产生?

(2)为什么用伏特计测定的电动势只能是"粗略"的结果?与理论值存在差别的原因是什么?

(3)白铁皮在电化学腐蚀时为什么是镀层锌先被腐蚀?如果换成马口铁(镀锡铁),情况会有什么不同?怎样证明?

(4)为什么在锌粒与盐酸的反应中插入铜棒会使速率加快,为什么?

(5)阳极氧化的目的是什么?要得到良好的氧化膜,需注意哪些问题?

(6)检验氧化膜耐腐蚀性能时,出现的绿色物质是什么?写出反应方程式。

实验 14 过渡金属元素性质实验

(一)实验目的

(1)掌握化学元素表 d 区重要元素氢氧化物的酸碱性及氧化还原性。

(2)掌握化学元素表 d 区重要元素化合物的氧化还原性。

(3)掌握钴、镍的氨配合物的生成及性质。

(4)掌握光谱法测定晶体场分裂能的方法,练习分光光度计的使用。

(二)实验原理

铬、锰以及铁、钴、镍分别为第四周期的ⅥB、ⅦB 和Ⅷ族元素。几个元素的重要化合物的性质如下。

1. Cr 的重要化合物的性质

Cr(OH)$_3$ 是典型的灰蓝色的两性氢氧化物，能与过量的 NaOH 反应生成绿色 [Cr(OH)$_4$]$^-$，Cr(Ⅲ)在酸性溶液中很稳定，但在碱性溶液中具有较强的还原性，易被 H$_2$O$_2$ 氧化成 CrO$_4^{2-}$。铬酸盐与重铬酸盐互相可以转化，溶液中存在下列平衡：

$$2CrO_4^{2-} + 2H^+ \rightleftharpoons Cr_2O_7^{2-} + H_2O$$

因重铬酸盐的溶解度较铬酸盐的溶解度大，因此，向重铬酸盐溶液中加入 Ag$^+$、Pb^{2+}、Ba^{2+} 等离子时，通常生成铬酸盐沉淀。例如：

$$Cr_2O_7^{2-} + 2Ba^{2+} + H_2O = 2BaCrO_4(黄色) + 2H^+$$

在酸性条件下 Cr$_2$O$_7^{2-}$ 具有强氧化性，可氧化乙醇，反应式如下：

$$2Cr_2O_7^{2-}(橙色) + 3C_2H_5OH + 16H^+ = 4Cr^{3+}(绿色) + 3CH_3COOH + 11H_2O$$

通过此实验，可判断是否酒后驾车或酒精中毒。

2. Mn 的重要化合物的性质

Mn(Ⅱ)在碱性条件下具有还原性，易被空气中的氧气氧化，反应式如下：

$$Mn^{2+} + 2OH^- = Mn(OH)_2(白色)$$

$$2Mn(OH)_2 + O_2 = 2MnO(OH)_2(棕红色)$$

在酸性溶液中，Mn^{2+} 很稳定，只有强氧化剂（如 NaBiO$_3$、S$_2$O$_8^{2-}$ 等）才能将它氧化成 MnO$_4^-$：

$$2Mn^{2+} + 5NaBiO_3(s) + 14H^+ = 2MnO_4^- + 5Bi^{3+} + 5Na^+ + 7H_2O$$

+6 价的 MnO$_4^{2-}$ 能稳定存在于强碱溶液中，而在酸性或弱碱性溶液中会发生歧化：

$$3MnO_4^{2-} + 2H_2O = 2MnO_4^- + MnO_2 + 4OH^-$$

+7 价的 MnO$_4^-$ 是强氧化剂。

介质的酸碱性不仅影响它的氧化能力，也影响它的还原产物：在中性介质中，其还原产物是 Mn^{2+}；在弱碱性（或中性）介质中，其还原产物是 MnO$_2$；在强碱性介质中，其还原产物是 MnO$_4^{2-}$。

3. Fe、Co、Ni 的重要化合物的性质

Fe(Ⅱ)、Co(Ⅱ)、Ni(Ⅱ)的氢氧化物依次为白色、粉红和绿色。

Fe(OH)$_2$ 具有很强的还原性，易被空气中的氧气氧化，生成 Fe(OH)$_3$（红棕色）。Fe(OH)$_2$ 主要呈碱性，酸性很弱，但能溶于浓碱溶液形成[Fe(OH)$_6$]$^{4-}$ 离子。

CoCl$_2$ 溶液与 OH$^-$ 反应，先生成蓝色 Co(OH)Cl 沉淀，稍放置生成粉红 Co(OH)$_2$ 沉淀。Co(OH)$_2$ 也能被空气中的氧气氧化，生成 CoO(OH)（褐色）。Co(OH)$_2$ 显两性，不仅能溶于酸，而且能溶于过量的浓碱形成[Co(OH)$_4$]$^{2-}$ 离子。

Ni(OH)$_2$ 在空气中是稳定的，只有在碱性溶液中用强氧化剂（如 Br$_2$、NaClO、Cl$_2$）才能将其氧化成黑色 NiO(OH)。Ni(OH)$_2$ 显碱性。

Fe(Ⅲ)、Co(Ⅲ)、Ni(Ⅲ)的氢氧化物都显碱性，颜色依次为红棕色、褐色、黑色。将

Fe(Ⅲ)、Co(Ⅲ)、Ni(Ⅲ)的氢氧化物溶于酸后,则分别得到 Fe^{3+} 和 Co^{2+}、Ni^{2+}。这是因为酸性溶液中,Co^{3+}、Ni^{3+} 是强氧化剂,它们能将 H_2O 氧化为 O_2,将 Cl^- 氧化为 Cl_2。反应式如下:

$$4M^{3+} + 2H_2O \Longrightarrow 4M^{2+} + 4H^+ + O_2$$

$$2M^{3+} + 2Cl^- \Longrightarrow 2M^{2+} + Cl_2 (M 为 Co, Ni)$$

Co(Ⅲ)、Ni(Ⅲ)氢氧化物,通常是由 Co(Ⅱ)、Ni(Ⅱ)盐在碱性条件下被强氧化剂(Br_2、NaClO、Cl_2)氧化而得到。例如:

$$2Ni^{2+} + 6OH^- + Br_2 \Longrightarrow 2Ni(OH)_3 + 2Br^-$$

铁、钴、镍均能生成多种配合物。Fe^{2+}、Fe^{3+} 与氨水反应只生成氢氧化物沉淀,而不生成氨合物。Co^{2+}、Ni^{2+} 与氨水反应先生成碱式盐沉淀,而后溶于过量氨水,形成 Co(Ⅱ)、Ni(Ⅰ)的氨配合物。但是,$[Co(NH_3)_6]^{2+}$(土黄色)不稳定,易被空气中的氧气氧化为 $[Co(NH_3)_6]^{3+}$(棕红色),而 $[Ni(NH_3)_6]^{2+}$(蓝紫色)能在空气中稳定存在。

4. 晶体场分裂能

按照晶体场理论,过渡金属离子的 d 轨道在晶体场的影响下会发生能级分裂。金属离子的 d 轨道没有被电子充满时,处于低能量 d 轨道上的电子吸收了一定波长的可见光后,可以跃迁到高能量的 d 轨道,这种 d—d 跃迁的能量差可以通过实验来测定。

对于八面体的 $[Ti(H_2O)_6]^{3+}$ 离子,因为配离子 $[Ti(H_2O)_6]^{3+}$ 的中心离子 $Ti^{3+}(3d^1)$ 仅有一个 3d 电子,所以在八面体场的影响下,Ti^{3+} 的 5 个简并 d 轨道分裂为能量较高的二重简并 eg 轨道和能量较低的三重简并的 t2g 轨道,eg 轨道和 t2g 轨道的能量差等于分裂能 Δ_o。(下标 o 表示八面体)或以 10Dq 表示。在基态时,Ti^{3+} 上的这个 3d 电子处于能级较低的 t2g 轨道,当它吸收一定波长可见光的能量时,这个电子跃迁到 eg 轨道。因此,3d 电子所吸收光子的能量应等于分裂能 Δ_o(10Dq)。

(三)实验器具和药品

1. 实验器具

实验器具列于表 4-14 中。

表 4-14 实验 14 的实验器具

仪器名称	规格	数量	备注
点滴板	50 mL	1	
离心机	LSC-20H	3	公用
离心管	10 mL	4	
试管	10 mL	6	
淀粉-KI 试纸		数张	

2. 实验药品

实验药品列于表 4-15 中。

表 4-15 实验 14 的实验药品

序号	药品名称	浓度或规格	序号	药品名称	浓度或规格
1	HCl	2 mol·L^{-1}	13	KMnO$_4$	0.01 mol·L^{-1}
2	HNO$_3$	6 mol·L^{-1}	14	Na$_2$SO$_3$	0.1 mol·L^{-1}
3	H$_2$SO$_4$	3 mol·L^{-1}	15	CoCl$_2$	0.5 mol·L^{-1}
4	HAc	2 mol·L^{-1}	16	NiSO$_4$	0.5 mol·L^{-1}
5	NaOH	2 mol·L^{-1}	17	NH$_4$Cl	1.0 mol·L^{-1}
6	氨水	2 mol·L^{-1}	18	H$_2$O$_2$	3%
7	CoCl$_2$	0.1 mol·L^{-1}	19	乙醇	98%
8	NiSO$_4$	0.1 mol·L^{-1}	20	溴水	3%
9	MnSO$_4$	0.1 mol·L^{-1}	21	(NH$_4$)$_2$Fe(SO$_4$)$_2$·6H$_2$O	C.P.
10	CrCl$_3$	0.1 mol·L^{-1}	22	NaBiO$_3$	C.P.
11	FeCl$_3$	0.1 mol·L^{-1}	23	MnO$_2$	C.P.
12	K$_2$Cr$_2$O$_7$	0.1 mol·L^{-1}	24	NH$_4$Cl	A.R.

(四)实验内容与步骤

1. 低价氢氧化物的生成和性质

(1)氢氧化铁(Ⅱ):在一支试管中放入 1 mL 蒸馏水和 2 滴 3 mol·L^{-1} H$_2$SO$_4$,煮沸以赶尽溶于其中的氧气,冷却后往试管中加入少量固体(NH$_4$)$_2$Fe(SO$_4$)$_2$·6H$_2$O。在另一支试管中加入 1 mL 6 mol·L^{-1} NaOH,煮沸赶尽氧气,冷却后,用一滴管吸取 NaOH 溶液,插入亚铁溶液底部,慢慢放出,观察沉淀的颜色和状态。把沉淀分成三份:一份放置在空气中,观察沉淀颜色是否变化;另两份分别滴入 2 mol·L^{-1} HCl 和 40% NaOH,观察沉淀是否溶解。写出反应方程式。

(2)氢氧化钴(Ⅱ):用 0.1 mol·L^{-1} CoCl$_2$ 和 2 mol·L^{-1} NaOH 制取 Co(OH)$_2$ 沉淀,观察沉淀的颜色和状态。把沉淀分成三份:一份放置在空气中,观察沉淀颜色是否变化;另两份分别滴入 2 mol·L^{-1} HCl 和 40% NaOH,观察沉淀是否溶解。写出反应方程式。

(3)氢氧化镍(Ⅱ):用 0.1 mol·L^{-1} NiSO$_4$ 和 2 mol·L^{-1} NaOH 制取 Ni(OH)$_2$ 沉淀,观察沉淀的颜色和状态。把沉淀分成三份:一份放置在空气中,观察沉淀颜色是否变化;另两份分别滴入 2 mol·L^{-1} HCl 和 40% NaOH,观察沉淀是否溶解。写出反应方程式。

(4)氢氧化锰(Ⅱ):用 0.1 mol·L^{-1} MnSO$_4$ 和 2 mol·L^{-1} NaOH 制取 Mn(OH)$_2$ 沉淀,观察沉淀的颜色和状态。把沉淀分成三份:一份放置在空气中,观察沉淀颜色是否变化;另两份分别滴入 2 mol·L^{-1} HCl 和 40% NaOH,观察沉淀是否溶解。写出反应方程式。

(5)氢氧化铬(Ⅲ):用 0.1 mol·L^{-1} CrCl$_3$ 和 2 mol·L^{-1} NaOH 制取 Cr(OH)$_3$ 沉淀,观察沉淀的颜色和状态。把沉淀分成三份:一份放置在空气中,观察沉淀颜色是否变化;另两份分别滴入 2 mol·L⁻¹ HCl 和 6 mol·L⁻¹ NaOH,观察沉淀是否溶解。写出反应方程式。

通过以上实验,总结低价氢氧化物的性质。

2. 高价氢氧化物的生成和性质

(1)用 0.1 mol·L⁻¹ FeCl₃ 和 2 mol·L⁻¹ NaOH 制取 Fe(OH)₃ 沉淀,观察沉淀的颜色和状态。把沉淀分成三份:一份加浓 HCl,检查是否有 Cl₂ 产生;另两份分别滴入 2 mol·L⁻¹ HCl 和 40%NaOH,观察沉淀是否溶解。写出反应方程式。

(2)用 0.1 mol·L⁻¹ CoCl₂ 溶液和 0.1 mol·L⁻¹ NiSO₄ 溶液与 6 mol·L⁻¹ NaOH 溶液和溴水分别反应制备 Co(OH)₃、Ni(OH)₃

沉淀,观察沉淀颜色,然后向所制取的 Co(OH)₃、Ni(OH)₃ 沉淀中分别滴加浓 HCl,检查是否有 Cl₂ 产生。写出反应方程式。

3. 低价盐的还原性

(1)碱性介质中 Cr(Ⅲ)的还原性:取少量 0.1 mol·L⁻¹ CrCl₃ 溶液,滴加 2 mol·L⁻¹ NaOH 溶液,观察沉淀颜色,继续滴加 NaOH 至沉淀溶解,再加入适量 3%H₂O₂ 溶液,加热,观察溶液颜色的变化。写出反应方程式。

(2)酸性介质中 Mn(Ⅱ)的还原性:取少量 0.1 mol·L⁻¹ MnSO₄ 溶液,加少量 NaBiO₃ 固体,然后滴加 6 mol·L⁻¹ HNO₃,观察溶液颜色的变化。写出反应方程式。

4. 锰酸盐的生成及不稳定性

(1)取适量 0.01 mol·L⁻¹ KMnO₄ 溶液,加入过量 40%NaOH,再加入少量 MnO₂ 固体,微热,搅拌,静置片刻,离心,绿色清液即 K₂MnO₄ 溶液。

(2)取少量绿色清液,滴加 3 mol·L⁻¹ H₂SO₄,观察现象,写出反应方程式。

(3)取少量绿色清液,加入少许 NH₄Cl 固体,振荡试管,使 NH₄Cl 溶解,微热,观察现象,写出反应方程式。

5. 钴和镍的氨配合物

(1)取少量 0.5 mol·L⁻¹ CoCl₂ 溶液,滴加少量 1 mol·L⁻¹ NH₄Cl 溶液,然后逐滴加入 2 mol·L⁻¹ NH₃·H₂O,振荡试管,观察沉淀的颜色,再继续加入过量的浓 NH₃·H₂O 至沉淀溶解为止,观察反应产物的颜色。最后把溶液放置一段时间,观察溶液的颜色变化。说明钴氨配合物的性质,写出反应方程式。

(2)取适量 0.5 mol·L⁻¹ NiSO₄ 溶液,滴加少量 1 mol·L⁻¹ NH₄Cl 溶液,然后逐滴加入 2 mol·L⁻¹ NH₃·H₂O,振荡试管,观察沉淀的颜色。再继续加入过量的浓 NH₃·H₂O 至沉淀溶解为止,观察反应产物的颜色。然后把溶液分成 4 份。第一份溶液中加入几滴 2 mol·L⁻¹ NaOH 溶液,第二份溶液中加入几滴 6 mol·L⁻¹ HCl 溶液,有何现象?把第三份溶液用水稀释,是否有沉淀产生?把第四份溶液煮沸,有何变化?综合实验结果,说明镍氨配合物的稳定性。

6. 分光光度法测定晶体场分裂能

(1) $CuSO_4$ 溶液的配制:称取 0.25 g $CuSO_4 \cdot 5H_2O$ 于 100 mL 烧杯中,用蒸馏水 30 mL 溶解,得到浅蓝色溶液,浓度约为 0.03 mol·L^{-1}。

(2) $[Cu(NH_3)_4]SO_4$ 溶液的配制:称取 0.25 g $CuSO_4 \cdot 5H_2O$ 于 250 mL 烧杯中,用蒸馏水 30 mL 溶解,加入 10 mL 氨水,稀释至约 100 mL,得到深蓝色 $[Cu(NH_3)_4]SO_4$ 溶液,浓度约为 0.01 mol·L^{-1}。

(3) $[Cu(en)_2(H_2O)_2]SO_4$ 溶液的配制:称取 0.25 g $CuSO_4 \cdot 5H_2O$ 于 250 mL 烧杯中,用蒸馏水 30 mL 溶解,用 50 mL 烧杯称取乙二胺液体 0.16g,用蒸馏水冲洗到 $CuSO_4$ 溶液中,加水稀释至约 100 mL,得到蓝紫色 $Cu[(en)_2(H_2O)_2]SO_4$ 溶液,浓度约为 0.01 mol·L^{-1}。

(4) 测定吸光度:在分光光度计的波长范围(400～800 nm)内,以蒸馏水为参比,直接测得吸收光谱。采用手动记录时,每隔 10 nm 分别测定上述溶液的吸光度(在最大吸收峰附近,波长间隔可适当减小)。

(五)问题与讨论

(1) 比较 $Fe(OH)_3$、$Al(OH)_3$、$Cr(OH)_3$ 的性质。设计实验,分离并鉴定含 Fe^{3+}、Al^{3+}、Cr^{3+} 的混合液。

(2) 配合物的分裂能受哪些因素的影响?

(3) 本实验测定吸收曲线时,溶液浓度的高低对测定分裂能的值有何影响?

(4) CrO_4^{2-} 与 $Cr_2O_4^{2-}$ 在何种介质中可相互转化?

第五部分 物质合成实验

实验15 三草酸合铁(Ⅲ)酸钾配合物的合成与光敏性实验

(一)实验目的

(1)掌握制备三草酸合铁(Ⅲ)酸钾的原理和方法。
(2)通过配合物的制备掌握基本的无机合成操作。
(3)了解配合物的晶体形状与构型之间的联系。
(4)了解光化学反应及感光纸显影原理。

(二)实验原理

1.三草酸合铁(Ⅲ)酸钾配合物的合成

配合物是指由一个或多个中心原子(通常是过渡金属离子)与周围的配位体组成的化合物。配合物化学是无机化学的一个重要分支,研究配合物的形成、结构、性质及其在生物、医药、材料等领域的应用。

三草酸合铁(Ⅲ)酸钾 $K_3[Fe(C_2O_4)_3]\cdot 3H_2O$ 为亮绿色单斜晶体,易溶于水,难溶于乙醇,110 ℃可失去全部结晶水,230 ℃时分解。它是制备负载型活性铁催化剂的主要原料,也是一些有机反应的良好催化剂,在工业上具有一定的应用价值。

三草酸合铁(Ⅲ)酸钾配合物的工艺路线多样,例如,可采用氢氧化铁和草酸氢钾反应;也可用硫酸亚铁铵与草酸反应得到草酸亚铁,再在过量草酸根存在下用过氧化氢氧化。本实验采用三氯化铁和草酸钾在溶液中反应制备:

$$FeCl_3 + 3K_2C_2O_4 + 3H_2O \Longrightarrow K_3[Fe(C_2O_4)_3]\cdot 3H_2O + 3KCl$$

当溶液中有钾离子存在,且配合物处于过饱和状态下时,即可得到亮绿色的三草酸合铁(Ⅲ)酸钾配合物晶体。

溶液中结晶形成的难易及晶体大小受多种因素的影响,一般以温度、时间、扰动、溶液性质等为主要原因。通常,急速结晶所形成的晶体较小且缺陷较多,可采用"重结晶"法来培养较大且完美的晶体;若静置缓慢结晶,则有机会得到较大晶体。此外,在沉淀结晶的初期引入晶种诱导成核,也有助于从溶液中析出结晶,以便形成较大晶体。

三草酸合铁(Ⅲ)酸钾配合物具有一定的光敏性和热分解特性,长时间暴露在阳光下或受热容易分解使配合物破坏,所以不宜用加热浓缩的方法使之析出晶体。

在本实验中采用室温下静置、自然冷却的方法可使溶液达到过饱和状态,从而析出产物。此外,也可以加入弱极性溶剂(如乙醇)来降低溶剂混合物的极性,使配合物因在弱极性溶剂中的溶解度降低(相似相溶原理)而结晶析出。

2. 三草酸合铁(Ⅲ)酸钾配合物的晶体形状

在配合物中,配位数是配合物中心原子周围配位体的个数,反映了中心原子与配位体的配位能力。配位数的多寡与中心离子及配体的大小、种类和结构等因素有关。本实验中配离子$[Fe(C_2O_4)_3]^{3-}$为变形八面体结构,中心离子Fe^{3+}的配位数为6。当草酸的两个羧基失去氢形成酸根$C_2O_4^{2-}$后,每个$C_2O_4^{2-}$有两个O原子可以同时提供电子对给中心离子Fe^{3+},形成两条配位键。因此,$[Fe(C_2O_4)_3]^{3-}$的结构为每个Fe^{3+}周围有三个$C_2O_4^{2-}$配体,这样的配体为双齿配体,属于"螯合配体"。配体草酸根中的O原子和结晶水之间形成了氢键,这些氢键的存在使得分子结构更加稳定,同时配合物通过分子间氢键构成三维网状结构。本实验通过少量快速结晶可在显微镜下观察到配合物晶体形成初期的几何形状。

3. 三草酸合铁(Ⅲ)酸钾配合物的光敏性

三草酸合铁(Ⅲ)酸钾配合物是一种光敏物质,常用作化学光量计材料,在污水处理、水溶性染料的光降解中有重要作用。

光照时三草酸合铁(Ⅲ)酸钾配合物极易分解变黄色,光化学反应如下:

$$2K_3[Fe(C_2O_4)_3] \cdot 3H_2O = 2FeC_2O_4 + 3K_2C_2O_4 + 2CO_2 + 3H_2O$$

草酸亚铁遇六氰合铁(Ⅲ)酸钾生成滕氏蓝,反应如下:

$$3FeC_2O_4 + 2K_3[Fe(CN)_6] = Fe_3[Fe(CN)_6]_2 + 3K_2C_2O_4$$

在实验室中依此原理可制作感光纸,进行感光、显影实验。早期的晒图工艺也是依据上述原理操作。

(三)实验器具和药品

1. 实验器具

实验器具列于表 5-1 中。

表 5-1 实验 15 的实验器具

序号	仪器名称	型号规格	数量	备注	序号	仪器名称	型号规格	数量	备注
1	显微镜		4 台	公用	8	硫酸纸		若干张	
2	减压抽滤装置		6 套	公用	9	毛刷		2 把	
3	恒温水浴		1 套		10	洗瓶		1 个	
4	玻璃烧杯	50 mL	3 个		11	玻璃棒		1 根	
5	玻璃量杯	10 mL	1		12	载/盖玻片		1 套	
6	电子天平	1 000 g	3 台	公用	13	剪刀		1 把	
7	滤纸	$\phi 70$ cm	若干张		14	胶头滴管		1 支	

2. 实验药品

实验药品列于表 5-2 中。

表 5-2　实验 15 的实验药品

序号	药品名称	浓度或规格	序号	药品名称	浓度或规格
1	$K_2C_2O_4 \cdot H_2O$	A.R.固体	3	$FeCl_3$ 溶液	$14\ mmol \cdot g^{-1}$
2	$K_3[Fe(CN)_6]$	A.R.固体	4	无水乙醇	A.R.液体

(四) 实验内容

1. 三草酸合铁(Ⅲ)酸钾配合物的合成与晶形观察

(1) 称取 4 g 草酸钾放入 50 mL 烧杯中,注入 8 mL 蒸馏水,在 80 ℃ 恒温水浴中加热,使草酸钾全部溶解。

(2) 称取 $FeCl_3$ 溶液 4.9 g,边搅拌边缓慢滴入热的草酸钾溶液中,继续水浴加热搅拌 20 min,仔细观察并记录溶液中所发生的变化。

(3) 继续反应 20~25 min,停止水浴加热,将烧杯放在暗处,室温下静置,自然冷却。待少许晶体析出后,用玻璃棒蘸取上层溶液,点在一张洁净的载玻片上。显微镜下观察晶体形貌。

(4) 待烧杯中溶液降至室温后(若环境温度过高,可用冷水浴进一步降温),用布氏漏斗过滤得粗产品,用 2~3 mL 蒸馏水分两次洗涤后,再用 2 mL 无水乙醇洗涤两次,抽干,得产品,称重,并计算产率。

2. 感光纸制备与显影

称取六氰合铁(Ⅲ)酸钾和三草酸合铁酸钾配合物各 1.0 g,分别溶于 15 mL 蒸馏水中。裁剪同等大小的滤纸和硫酸纸,在硫酸纸上用黑色记号笔描画一个图案或剪成某个图形待用。用毛刷均匀地将三草酸合铁酸钾配合物溶液刷在滤纸上,在通风处阴干。准备好的硫酸纸在上、阴干的滤纸在下叠放在一起,置于阳光强烈处曝光,至滤纸上有黄色物质生成。将六氰合铁(Ⅲ)酸钾溶液用毛刷均匀地涂抹在滤纸上,至生成蓝色物质。写出反应方程式,解释现象。

将剩余晶体交给指导教师检视并回收。

(五) 数据记录及处理

1. 反应物

将反应物的各项数据记录于表 5-3 中。

表 5-3　实验 15 的反应物数据记录

物质名称	分子式	性状	摩尔分子质量/$(g \cdot mol^{-1})$	取样质量/g	物质的量/mol
草酸钾	$K_2C_2O_4 \cdot H_2O$				
氯化铁	$FeCl_3 \cdot 6H_2O$				

2.产物

将产物的各项数据记录于表5-4中。

表5-4 实验15产物的数据记录

配合物	晶体颜色	晶体外观	配位数	产物质量$m_{实}$/g
$K_3[Fe(C_2O_4)_3]\cdot 3H_2O$				

3.产率计算

产物理论质量：$m_{理}=$

产率(%)：$\dfrac{m_{实}}{m_{理}}\times 100\% =$

4.感光纸制备与显影

感光纸的制备与显影情况记录于表5-5中。

表5-5 实验15感光纸的制备与显影情况记录

	感光纸	曝光	显影
外观与变化			
化学反应原理方程式			

(六)实验思考题

(1)什么是配合物和配离子？它们与一般的离子化合物或者阴、阳离子有什么不同？

(2)进行结晶时,有时可用冰浴法或盐析法,有时则是采用最平常的蒸发溶剂法(常温或煮沸),这些方法使用的原理各是什么？由此得到的结晶(产物)会有何不同？

(3)三草酸合铁(Ⅲ)酸钾的各种合成途径各有哪些优点与缺点？

(4)三草酸合铁酸钾的光敏性在现代数字成像技术、光催化剂、光电器件和生物医学应用等方面有哪些具体应用？

实验16 三氯化六氨合钴的制备及其组成测定

(一)实验目的

(1)掌握三氯化六氨合钴的制备原理及其组成的确定方法。

(2)理解配合物的形成对中心离子稳定性的影响。

(3)掌握无机金属配合物制备的基本合成操作。

(4)了解滴定分析、电导测定的原理与方法。

(二)实验原理

1.钴氨配合物

钴氨配合物是一种具有蛋白质复合物的有机化合物,其中包含钴原子和氨基酸的组合。钴氨配合物主要包括三种：$Co(NH_3)\cdot 5Cl$,$Co(NH_3)\cdot 5Br$ 和 $[Co(NH_3)\cdot 5H_2O]Cl_2$。钴氨配合物在化学、材料科学和生物学等领域具有广泛的应用。例如,它们可以作为催化剂、电极材料、药物和生物标记物等。此外,钴氨配合物的光学性质和磁学性质也备受关注,因此在材料科学和物理学领域也有潜在的应用价值。

根据标准电极电势,有

$Co^{3+} + e^- \rightleftharpoons Co^{2+}$ $\qquad \varphi^\ominus = +1.84$ V

$[Co(NH_3)_6]^{3+} + e^- \rightleftharpoons [Co(NH_3)_6]^{2+}$ $\qquad \varphi^\ominus = +0.1$ V

由此可知,在酸性介质中二价钴离子的盐较稳定,三价钴离子的盐一般是不稳定的,只能以固态或者配位化合物的形式存在。而在它们的配合物中,大多数三价钴配合物比二价钴配合物稳定,所以常采用空气或过氧化氢氧化二价钴的配合物来制备三价钴的配合物。

氯化钴(Ⅲ)的氨配合物有多种(见表5-6),制备条件各不相同。例如,当没有活性炭存在时,氯化钴与过量氨、氯化铵反应的主要产物是二氯化一氯五氨合钴(Ⅲ);活性炭存在时,制得的主要产物为三氯化六氨合钴(Ⅲ)。

表 5-6 钴氨配合物的组成与性质

名称	化学式	颜色	溶解性
三氯化六氨合钴(Ⅲ)	$[Co(NH_3)_6]Cl_3$	橙黄色晶体	可溶于水不溶于乙醇
三氯化一水五氨合钴(Ⅲ)	$[Co(NH_3)_5 \cdot 5H_2O]Cl_3$	砖红色晶体	可溶
三氯化一水四氨合钴(Ⅲ)	$[Co(NH_3)_4 \cdot 4H_2O]Cl_3$	洋红色晶体	难溶
二氯化一氯五氨合钴(Ⅲ)	$[Co(NH_3)_5 \cdot 5Cl]Cl_2$	紫红色晶体	难溶于水

2. 三氯化六氨合钴(Ⅲ)的合成

本实验用活性炭作催化剂,用过氧化氢做氧化剂,将氯化亚钴溶液与过量氨和氯化铵作用制备三氯化六氨合钴(Ⅲ)。其总反应式如下:

$2CoCl_2 + 2NH_4Cl + 10NH_3 + H_2O_2 \rightleftharpoons 2[Co(NH_3)_6]Cl_3 + 2H_2O$

三氯化六氨合钴(Ⅲ)溶解于酸性溶液中,通过过滤可以将混在产品中的大量活性炭除去,然后在高浓度的盐酸中使$[Co(NH_3)_6]Cl_3$结晶,得到橙黄色单斜晶体。

在常压下,若无催化剂,只能制得$[Co(NH_3)Cl]Cl_2$配合物。制得的$[Co(NH_3)_6]Cl_3$的颜色决定于晶体的大小,由紫红色至棕橙色。20 ℃时,其在水中的溶解度为 0.26 mol·L^{-1}。$[Co(NH_3)_6]Cl_3$在通常情况下稳定,加热至215 ℃时转变为$[Co(NH_3)_5 \cdot 5H_2O]Cl_2$,继续加热至高于250 ℃则还原为$CoCl_2$。在水溶液中存在如下平衡:

$[Co(NH_3)_6]^{3+} \rightleftharpoons Co^{3+} + 6NH_3$ $\qquad k = 2.2 \times 10^{-34}$

3. 三氯化六氨合钴(Ⅲ)的组成测定

三氯化六氨合钴(Ⅲ)在强碱作用下(冷时)或强酸作用下基本上不被分解,只有在沸热的条件下才被强碱分解,反应式为

$2[Co(NH_3)_6]Cl_3 + 6NaOH \rightleftharpoons 2Co(OH)_3 + 12NH_3 + 6NaCl$

分解逸出的氨可用过量的标准盐酸溶液吸收,剩余的盐酸用标准氢氧化钠溶液回滴,便可计算出其中氨的百分含量。用络合滴定法测定样品中钴的含量,用沉淀滴定法中的摩尔法测定样品中氯离子的含量,而其电离类型可用电导法确定。

(三)实验器具与药品

1.实验器具

实验器具列于表 5-7 中。

表 5-7 实验 16 的实验器具

序号	仪器名称	型号规格	单位和数量	备注
1	电子天平	1 000 g	4 台	公用
2	减压抽滤装置		4 套	公用
3	恒温水浴		1 台	
4	制冰机		1 台	公用
5	电导率仪	DDS-11A 型	4 台	公用
6	铁架台		1 台	
7	加热台		1 台	
8	烧杯	500 mL	5 个	
9	碱式滴定管	25 mL	1 支	
10	酸式滴定管	25 mL	1 支	
11	滴定台+蝴蝶夹		1 套	
12	碱封管、橡胶管		若干	
13	三颈烧瓶	100 mL	1 个	
14	分液漏斗	60 mL	1 个	
15	锥形瓶	150 mL	5 个	

2.实验药品

实验药品列于表 5-8 中。

表 5-8 实验 16 的实验药品

序号	药品名称	浓度或规格	序号	药品名称	浓度或规格
1	$AgNO_3$	$0.1\ mol \cdot L^{-1}$	12	NaOH	10%
2	$CoCl_2 \cdot 6H_2O$	A.R.固体	13	NaOH	$0.5\ mol \cdot L^{-1}$
3	EDTA	$0.05\ mol \cdot L^{-1}$	14	NH_4Cl	A.R.固体
4	$FeCl_3$ 溶液	$14\ mmol \cdot g^{-1}$	15	$ZnCl_2$ 标准	$0.05\ mol \cdot L^{-1}$
5	HCl 标准溶液	$0.5\ mol \cdot L^{-1}$	16	二甲酚橙	0.2%
6	HCl 溶液	浓	17	活性炭	
7	HCl 溶液	$6\ mol \cdot L^{-1}$	18	甲基红溶液	0.1%
8	HCl 溶液	$2\ mol \cdot L^{-1}$	19	六次甲基四胺	30%
9	H_2O_2	30%	20	浓氨水	A.R
10	H_2O_2	5%	21	无水乙醇	A.R.
11	K_2CrO_4	5%	22	蒸馏水	

(四)实验内容

1. 三氯化六氨合钴(Ⅲ)的制备

在锥形瓶中,将 4 g NH_4Cl 溶于 8.4 mL 水中,加热至沸,加入 6 g 研细的 $CoCl_2 \cdot 6H_2O$ 晶体,溶解后,加 0.4 g 活性炭,摇动锥形瓶,使其混合均匀。用流水冷却后,加入 13.5 mL 浓氨水,再冷至 283 K 以下,用滴管逐滴加入 13.5 mL 5% H_2O_2 溶液,水浴加热至 323~333 K,保持 20 min,并不断旋摇锥形瓶。然后用冰浴冷却至 273 K 左右,吸滤,不必洗涤沉淀,直接将其溶于 50 mL 沸水(水中含 1.7 mL 浓 HCl)中。趁热吸滤,慢慢加入 6.7 mL 浓 HCl,滤液中即有大量橘黄色晶体析出,用冰浴冷却后过滤。晶体以冷的 2 mL 2 mol·L^{-1} HCl 洗涤,再用少许乙醇洗涤,吸干。晶体在水浴上干燥、称量,计算产率。

2. 三氯化六氨合钴(Ⅲ)组成的测定

(1)氨的测定。

准确称取 0.2 g 的试样于 250 mL 锥形瓶中,加 80 mL 水溶解,然后加入 10 mL 10% NaOH 溶液。在另一锥形瓶中准确加入 30~35 mL 0.5 mol·L^{-1} HCl 标准溶液,放入冰浴中冷却。按图 5-1 装配仪器,从漏斗加 3~5 mL 10% NaOH 溶液于小试管中,漏斗柄下端插入液面约 2~3 cm。加热试样液,开始可用大火,当溶液近沸时改用小火,保持微沸状态,蒸馏 1 h 左右,即可将溶液中氨全部蒸出。蒸馏完毕,取出插入 HCl 溶液中的导管,用蒸馏水冲洗导管内外(洗涤液流入氨吸收瓶中)。取出吸收瓶,加 2 滴 0.1%甲基红溶液,用 0.5 mol·L^{-1} NaOH 标准溶液滴定过剩的 HCl,计算氨的含量。

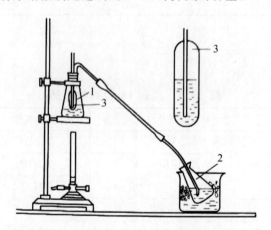

图 5-1 测定氨的装置

1—反应瓶;2—接收瓶;3—碱封管

(2)钴的测定。

准确称取 0.17~0.22 g 试样两份于 250 mL 锥形瓶中,分别加 20 mL 水溶解,再加入 3 mL 10% NaOH。加热,有棕黑色沉淀产生,沸后小火加热 10 min,使试样完全分解。稍冷后加入 3.5~4 mL 6 mol·L^{-1} HCl,滴加 1~2 滴 30% H_2O_2,加热至棕黑色沉淀全部溶解,溶液呈透明的浅红色,赶尽 H_2O_2。冷后准确加入 35~40 mL 0.05 mol·L^{-1} EDTA 标准溶液,加 10 mL 30%六亚甲基四胺后,仔细调节溶液的 pH 为 5~6,加 2~3 滴 0.2%二甲酚橙,用 0.05 mol·L^{-1} ZnCl$_2$ 标准溶液滴定,当试样溶液由橙色变为紫红色即为终点。计算钴的含量。

(3)氯的测定。

a. AgNO$_3$ 溶液的浓度约为 0.1 mol·L^{-1},计算滴定所需的试样量。

b. 准确称取试样两份于 250 mL 锥形瓶中,分别加 25 mL 水,配制成试样液。

c. 加 1 mL 5%的 K$_2$CrO$_4$ 溶液为指示剂,用 0.1 mol·L^{-1} AgNO$_3$ 标准溶液滴定至出现淡红棕色不再消失为终点。

d. 由滴定数据计算氯的含量。

由以上氨、钴、氯的测定结果,写出产品的化学式并与理论值比较。

3. 三氯化六合钴电离类型的测定

(1)配制 250 mL 稀度(所谓稀度即溶液的稀释程度,为物质的量浓度的倒数,如稀度为 128,表示 128 L 中含有 1 mol 溶质)为 128 的试样溶液,再用此溶液配制稀度分别为 256、512、1024 的试样液各 100 mL,用 DDS-11A 型电导率仪测定溶液的电导率 k。

(2)按 $\Lambda_m = k \dfrac{10^{-3}}{c}$ 计算摩尔电导率,确定 Co(NH$_3$)·6Cl$_3$ 的电离类型。

(五)思考题

(1)在[Co(NH$_3$)$_6$]Cl$_3$ 的制备过程中,氯化铵、活性炭、过氧化氢各起什么作用?影响产品产量的关键在哪里?

(2)由实验结果确定自制的三氯化六氨合钴的组成,分析与理论值有差别的原因,并查阅文献了解测定配离子电荷还有哪些方法。

(3)如何测定[Co(NH$_3$)$_6$]Cl$_3$ 的电离类型?

(4)尝试写出测定钴含量导致每一步颜色变化的化学反应方程式。

实验 17 磷酸一氢钠、磷酸二氢钠的制备及检验

(一)实验目的

(1)掌握制备磷酸一氢钠和磷酸二氢钠的方法,加深对磷酸盐性质的认识。

(2)练习减压过滤、蒸发浓缩、晶体洗涤等基本操作。

(3)掌握通过控制溶液 pH 制备无机盐的方法。

(4)复习和巩固多元酸的解离平衡与溶液 pH 的关系。

(二)实验原理

磷酸钠盐作为缓冲剂和螯合剂广泛应用于药物制剂领域,在治疗上,它们可作为缓和的泻药,并可用于低磷酸盐血症的治疗,是广泛用于注射用、口服和外用制剂的辅料;它们也可用于食品中,例如,在发酵粉里可作为干酸化剂和螯合剂。

磷酸是三元酸,在溶液中有三步解离。当用碳酸钠或氢氧化钠中和磷酸时,中和磷酸的一个氢离子(pH 约 4.2~4.6),浓缩结晶后得到的是 NaH$_2$PO$_4$·2H$_2$O,它是无色菱形晶

体。如果中和掉磷酸的两个氢离子(pH 约 9.2),浓缩结晶后得到的是 $Na_2HPO_4 \cdot 12H_2O$,它是无色透明单斜晶系菱形结晶,在空气中迅速风化。

磷酸二氢钠($NaH_2PO_4 \cdot 2H_2O$)溶于水后显酸性,是因为它在水溶液中同时存在以下两个平衡:

$$水解平衡:H_2PO_4^- + H_2O \rightleftharpoons H_3PO_4 + OH^- \qquad (5-1)$$

$$解离平衡:H_2PO_4^- \rightleftharpoons H^+ + HPO_4^{2-} \qquad (5-2)$$

由于 $H_2PO_4^-$ 的解离程度比水解程度大,故磷酸二氢钠呈弱酸性(pH=4~5)。

磷酸一氢钠($Na_2HPO_4 \cdot 12H_2O$)溶于水后,也存在水解和解离的双重平衡:

$$水解:HPO_4^{2-} + H_2O \rightleftharpoons H_2PO_4^- + OH^- \qquad (5-3)$$

$$解离:HPO_4^{2-} \rightleftharpoons H^+ + PO_4^{3-} \qquad (5-4)$$

然而,由于 HPO_4^{2-} 的水解程度比解离程度大,故磷酸一氢钠溶液显弱碱性(pH=9~10)。同理可推出,磷酸钠溶液显碱性。

因此,通过严格控制合成时溶液的 pH,就能用磷酸分别制得磷酸一氢钠和磷酸二氢钠。还需指出的是,制备一钠盐和二钠盐时,都可用碳酸钠代替氢氧化钠。但制备二钠盐时,容易发生 $NaHCO_3$ 混入结晶的情况,所以本实验制备一钠盐时,用无水碳酸钠中和磷酸,制备二钠盐时,改用 NaOH 中和磷酸制得。

在正磷酸盐(包括 Na_3PO_4、Na_2HPO_4、NaH_2PO_4)溶液中,加入 $AgNO_3$ 皆生成 Ag_3PO_4 黄色沉淀。

(三)实验器具与药品

1. 实验器具

实验器具列于表 5-9 中。

表 5-9 实验 17 的实验器具

序号	仪器名称	型号规格	单位和数量	备注
1	电子天平	1 000 g	1 台	公用
2	精密分析电子天平		1 台	公用
3	恒温水浴		1 台	
4	减压抽滤装置		1 套	
5	滴定台+蝴蝶夹		1 套	
6	铁架台		1 台	
7	加热台		1 台	
8	烧杯	100 mL	5 个	
9	碱式滴定管	25 mL	1 支	
10	量筒	10 mL	1 个	
11	量筒	50 mL	1 个	
12	称量瓶	25×40	1 个	
13	蒸发皿			
14	石棉网		1 个	

2.实验药品

实验药品列于表 5-10 中。

表 5-10 实验 17 的实验药品

序号	药品名称	浓度或规格	序号	药品名称	浓度或规格
1	$AgNO_3$	$0.1\ mol \cdot L^{-1}$	7	无水 Na_2CO_3	C.P.
2	NaOH	$6\ mol \cdot L^{-1}$	8	$NaH_2PO_4 \cdot 2H_2O$	A.R.
3	NaOH	$2\ mol \cdot L^{-1}$	9	酚酞	1%(W/V)
4	NaOH 标准溶液	$0.100\ 0\ mol \cdot L^{-1}$	10	无水乙醇	A.R.
5	HCl 溶液	$2\ mol \cdot L^{-1}$	11	蒸馏水	
6	H_3PO_4	C.P.,含量大于 85%	12	pH 试纸	

(四)实验内容

1. $NaH_2PO_4 \cdot 2H_2O$ 的制备

取 2 mL 磷酸于 100 mL 烧杯中,加入 15 mL 蒸馏水,搅匀,加热至约 60~70 ℃。少量、分次加入无水 Na_2CO_3(每次作用完后再加),调至溶液的 pH 为 4.2~4.6(如果溶液的 pH 已超过此值,可以用稀 H_3PO_4 溶液调低)。将溶液转到蒸发皿中,在水浴上加热浓缩至表面有较多的晶膜出现。用冰水冷却,加入几粒 $NaH_2PO_4 \cdot 2H_2O$ 晶体作为晶种,可适当搅拌,待晶体析出后,抽滤。晶体用少量无水乙醇(3~5 mL)洗涤 2~3 次,吸干后称重。

2. $NaH_2PO_4 \cdot 2H_2O$ 产品检验

(1)取少量产品置于试管中,加入几滴 $2\ mol \cdot L^{-1}$ HCl。仔细观察有无气泡产生。

(2)检验 $NaH_2PO_4 \cdot 2H_2O$ 水溶液的酸碱性。

(3)产品含量的测定:差减法称取 0.250 0 g 样品,溶于 15 mL 蒸馏水中,加 2 滴酚酞指示剂,用 $0.100\ 0\ mol \cdot L^{-1}$ NaOH 滴定,直至溶液呈微红色为止。计算样品中 $NaH_2PO_4 \cdot 2H_2O$ 的含量。

(4)取少量产品置于试管中,加水溶解,加入 $0.1\ mol \cdot L^{-1}$ $AgNO_3$ 溶液,观察沉淀的颜色。

3. $Na_2HPO_4 \cdot 12H_2O$ 的制备

取 2 mL 磷酸于 100 mL 烧杯中,加入 15 mL 蒸馏水,搅匀。加入 $6\ mol \cdot L^{-1}$ NaOH 溶液,调节溶液的 pH 为 9.2(注意:中和到 pH=7~8 时,改用 $2\ mol \cdot L^{-1}$ NaOH 溶液调节)。将溶液转到蒸发皿中,在水浴上加热,浓缩至表面刚有微晶出现(不要过分浓缩)。用冰水或冷水冷却(可适当搅动,防止晶体结块)。待晶体析出后,抽滤。晶体用少量无水乙醇(3~5 mL)洗涤 2~3 次,吸干后称重。

4. $Na_2HPO_4 \cdot 12H_2O$ 产品检验

(1)检验 $Na_2HPO_4 \cdot 12H_2O$ 水溶液的酸碱性。

(2)取少量产品置于试管中,加水溶解,加入 $0.1\ mol \cdot L^{-1}$ $AgNO_3$ 溶液,观察沉淀的颜色。

(五)思考题

(1)试以两种酸式磷酸盐为例,说明酸式盐的水溶液是否都具有酸性,为什么?
(2)现有一瓶无色的磷酸盐溶液,如何鉴别它是:Na_3PO_4、Na_2HPO_4、NaH_2PO_4、$Na_4P_2O_7$?
(3)查阅文献调查磷酸钠盐还有哪些实验室制备方法。
(4)试比较工业上磷酸钠盐的制备工艺与实验室制备方法的异同。

实验18 硫酸亚铁铵的制备与 Fe^{3+} 限量比色分析

(一)实验目的

(1)了解硫酸亚铁、硫酸亚铁铵复盐性质。
(2)学会利用溶解度的差异制备硫酸亚铁铵。
(3)掌握结晶、分离、干燥等无机盐制备与提纯基本操作。
(4)学习利用目视法限量比色来检验产品等级。

(二)实验原理

1. 硫酸亚铁铵的制备

硫酸亚铁铵$(NH_4)_2SO_4 \cdot FeSO_4 \cdot 6H_2O$俗称莫尔盐,为浅蓝绿色单斜晶体,具有顺磁性。一般亚铁盐在空气中易被氧化,而硫酸亚铁铵在空气中比一般亚铁盐要稳定,不易被氧化,并且价格低,制造工艺简单,容易得到较纯净的晶体,因此应用广泛。在定量分析中常用来配制亚铁离子的标准溶液,在物质磁化率测定过程中用作标准物质(磁化率已知)来标定磁场强度。

硫酸亚铁铵是一种由简单化合物分子按一定化学计量比结合而成的分子间化合物,也称复盐。和其他复盐一样,$(NH_4)_2SO_4 \cdot FeSO_4 \cdot 6H_2O$ 在水中的溶解度小于组成它的每一组分 $FeSO_4$ 或 $(NH_4)_2SO_4$ 的溶解度(见表 5-11)。利用这一特点,可通过蒸发浓缩 $FeSO_4$ 与 $(NH_4)_2SO_4$ 的浓混合溶液来制取得到。

表 5-11 盐的溶解度

	温度/℃	0	10	20	30	40	50	60
溶解度/g	$FeSO_4 \cdot 7H_2O$	15.65	20.5	26.5	32.9	40.2	48.6	—
	$(NH_4)_2SO_4$	70.6	73.0	75.4	78.0	81.0	—	88.0
	$(NH_4)_2SO_4 \cdot FeSO_4 \cdot 6H_2O$	12.5	17.2	21.6	28.1	33.0	40.0	44.6

本实验先将铁屑溶于稀硫酸生成硫酸亚铁溶液:

$$Fe + H_2SO_4 = FeSO_4 + H_2\uparrow$$

再往硫酸亚铁溶液中加入硫酸铵并使其全部溶解,加热浓缩制得混合溶液,再冷却即可得到溶解度较小的硫酸亚铁铵晶体:

$$FeSO_4 + (NH_4)_2SO_4 + 6H_2O = (NH_4)_2SO_4 \cdot FeSO_4 \cdot 6H_2O$$

2. 硫酸亚铁铵的 Fe^{3+} 限量检验

用眼睛观察,比较溶液颜色深度以确定物质大致含量的方法称为目视比色法。常用的目视比色法采用的是标准系列法。Fe^{3+} 限量检验的原理是,Fe^{3+} 与 SCN^- 能生成红色物质 $[Fe(SCN)]^{2+}$,红色深浅与 Fe^{3+} 含量相关,即

$$Fe^{3+} + nSCN^- \Longleftrightarrow Fe(SCN)_n^{(3-n)} (红色)$$

将所制备的硫酸亚铁铵晶体与 KSCN 溶液在比色管中配制成待测溶液,将它所呈现的红色与含一定 Fe^{3+} 量所配制成的标准色阶溶液的红色进行比较,用目视比色法可估计产品中所含 Fe^{3+} 的含量范围,确定产品等级。

3. 硫酸亚铁铵的 Fe^{2+} 含量测定原理

$K_2Cr_2O_7$ 在酸性介质中可将 Fe^{2+} 定量氧化成 Fe^{3+},其本身被还原成 Cr^{3+},反应式为

$$CrO_7^{2-} + Fe^{2+} + 14H^+ \Longrightarrow Fe^{3+} + Cr^{3+} + 7H_2O$$

滴定在 H_3PO_4-H_2SO_4 混合酸介质中进行,以二苯胺磺酸钠为指示剂,滴定至溶液呈紫红色,即为终点。

(三)实验器具与药品

1. 实验器具

实验器具列于表 5-12 中。

表 5-12 实验 18 的实验器具

序号	仪器名称	型号规格	单位和数量	备注
1	电子天平	1 000 g	1 台	公用
2	精密分析电子天平		1 台	公用
3	恒温水浴		1 台	
4	减压抽滤装置		1 套	
5	趁热过滤装置		1 套	
6	铁架台		1 台	
7	加热台		1 台	
8	烧杯	100 mL	5 个	
9	锥形瓶	250 mL,150 mL	各 1 个	
10	量筒	10 mL	1 个	
11	量筒	50 mL	1 个	
12	称量瓶	25×40	1 个	
13	蒸发皿		1 个	
14	移液管	1 mL,2 mL	各 1 支	
15	比色管	25 mL	4 支	
16	玻璃棒		1 根	
17	石棉网		1 个	

2. 实验药品

实验药品列于表 5-13 中。

表 5-13 实验 18 的实验药品

序号	药品名称	浓度或规格	序号	药品名称	浓度或规格
1	H_2SO_4	3 mol·L^{-1}	6	HCl	3 mol·L^{-1}
2	铁屑	C.P.	7	KSCN	250 g·L^{-1}
3	$(NH_4)_2SO_4$	A.R.	8	Fe^{3+} 标准液	0.100 0 g·L^{-1}
4	K_2CrO_7	基准物质	9	二苯胺磺酸钠指示剂	0.2%(W/V)
5	H_3PO_4	A.R.			

(四)实验内容

1. 硫酸亚铁的制备

称 1 g 铁屑,放入锥形瓶中,再加入 5 mL 3 mol·L^{-1} H_2SO_4,在通风橱中水溶加热(温度低于 353 K)至反应基本完成(产生的气泡很少),趁热过滤。反应过程要适当补充水,以保持原体积。

2. 硫酸亚铁铵的制备

(1)根据加入的 H_2SO_4 量,计算所需$(NH_4)_2SO_4$ 的量。称取$(NH_4)_2SO_4$,并参照溶解度数据将其配成饱和溶液。

(2)将此液加到制得的 $FeSO_4$ 溶液中,并保持混合液的 pH=1~2。水浴加热,将溶液浓缩到表面有结晶膜出现,在空气中缓慢冷却,析出$(NH_4)_2SO_4 \cdot FeSO_4 \cdot 6H_2O$ 晶体,观察晶体颜色。

(3)抽滤,用少量乙醇洗涤,称量,计算理论产率和实际收率。

3. Fe^{3+} 的限量分析

(1)制取不含氧的水:加一定量的水到锥形瓶中,小火加热,煮沸 10~20 min,冷后即可使用。

(2)Fe^{3+} 标准溶液的配制:用差减法称取 0.863 4 g $NH_4Fe(SO_4)_2 \cdot 12H_2O$ 固体,加入 15 mL H_2SO_4 溶液(3 mol L^{-1})溶解,移入 1 000 mL 容量瓶中,用水定容至刻度。此溶液每毫升含 0.1 mg Fe^{3+}。

(3)准备标准色阶:在 3 支 25 mL 比色管中,用吸管分别吸取 0.50 mL、1.00 mL 和 2.00 mL 的 Fe^{3+} 标准溶液,分别依次加 2 mL 3 mol·L^{-1} HCl 溶液、15 mL 不含氧的水,振荡,加 1 mL 25% KSCN 溶液,继续加不含氧的水至 25 mL 刻度,摇匀,得到 Fe^{3+} 量为 0.05 mg(Ⅰ级)、0.10 mg(Ⅱ级)和 0.20 mg(Ⅲ级)的标准液。

(4)产品级别的限量分析:称 1 g 样品于 25 mL 比色管中,然后与标准色阶同样处理,按照所呈红色不得深于标准色阶确定产品等级。

4. Fe^{2+} 的含量测定

(1) $K_2Cr_2O_7$ 标准溶液配制:用减量法精密称取 1.2～1.3 g 烘干过的 $K_2Cr_2O_7$,加水溶解,定容到 250 mL 容量瓶中,摇匀,计算准确浓度。

(2) 样品中 Fe^{2+} 的测定:准确称取 1～1.5 g 样品,置于 250 mL 烧杯中,加入 8 mL 3 mol·L^{-1} 的 H_2SO_4,加热溶解,定容于 250 mL 容量瓶中,摇匀。平行移取三份 25.00 mL 上述样品于三个锥形瓶中,各加入 50 mL 水、10 mL 3 mol L^{-1} 的 H_2SO_4,再加入 5 滴二苯胺磺酸钠指示剂溶液,然后用 $K_2Cr_2O_7$ 标准溶液滴定至溶液出现深绿色,加入 5.0 mL 85% H_3PO_4 中,继续滴定至溶液颜色为紫色或蓝紫色,计算试液中 Fe^{2+} 的浓度和样品的 Fe^{2+} 含量。

(五) 实验思考题

(1) 废铁屑与稀 H_2SO_4 反应时有 H_2S、PH_3 等有毒气体及酸雾释出,如何消除?

(2) 制备 $(NH_4)_2SO_4·FeSO_4·6H_2O$ 时,铁和硫酸哪一种应过量?为什么?

(3) 制备 $FeSO_4$ 溶液要趁热过滤,为什么?过滤过程中经常发现漏斗柱上有绿色的晶体析出,分析原因,思考该怎样处理。

(4) 制备 $(NH_4)_2SO_4·FeSO_4·6H_2O$ 时,为什么要采用水浴浓缩?如何制得大颗粒晶体?

(5) 为何在进行 Fe^{3+} 的限量分析时必须使用不含 O_2 的蒸馏水?还有什么除氧方法?

(六) 实验指导

(1) 硫酸亚铁的制备中,铁与 H_2SO_4 的反应温度控制在 70～75 ℃,温度偏低反应速度慢,过高则 $FeSO_4$ 析出。

(2) 硫酸亚铁的制备中趁热过滤时,若滤液发黄,需要倒回锥形瓶,加点 H_2SO_4 重新热过滤。此外,铁屑和硫酸反应的锥形瓶应及时清洗干净,否则残留的亚铁盐在空气中会进一步转化为 $Fe_2O_3·nH_2O$,在玻璃器皿的表面有较强的附着作用,用刷洗和酸洗都很难洗去。如果出现了上述现象,可用稀盐酸浸泡,适当加热,加入 $Na_2C_2O_4$ 会起到更好的效果。

(3) Fe^{2+} 在酸性溶液中稳定存在,所以溶液要保持一定的酸度。

(4) 产品质量的差异与 Fe^{3+} 的多少有关,所以应该注意控制反应条件(酸与铁屑的比例),尽量避免 Fe^{3+} 的形成。

(5) 目测法鉴定产品等级时,一定要使标准色阶和自制样品的比色条件严格一致。

第六部分 综合应用实验

实验 19 目视催化动力学法测定钼(Ⅵ)

(一)实验目的

(1)了解钼含量对反应速率的影响。
(2)练习移液管等化玻器具的使用。
(3)掌握利用 Landolt 效应测定微量钼(Ⅵ)的原理和方法。
(4)培养和训练学生理论联系实际,综合运用实验有关知识开发设计实验的能力。

(二)实验原理

钼的用途广泛,在冶金工业中常作为生产各种合金钢的添加剂,以提高金属材料的高温强度、耐磨性和抗腐蚀性。含钼合金钢用来制造运输装置、机车、工业机械以及各种仪器。钼和镍、铬的合金用于制造飞机的金属构件、机车和汽车上的耐蚀零件。钼和钨、铬、钒的合金用于制造军舰、坦克、枪炮、火箭、卫星的合金构件和零部件。金属钼大量用作高温电炉的发热材料和结构材料、真空管的大型电极和栅极、半导体及电光源材料。因钼的热中子俘获截面小且具有高持久强度,还可用作核反应堆的结构材料。在化学工业中,钼的化合物主要用于润滑剂、催化剂和颜料。钼化合物在农业肥料中也有广泛的用途,钼是固氮酶和硝酸还原酶的组成元素,缺钼会影响根瘤固氮和蛋白质的合成。钼还能促进作物对磷的吸收和无机磷向有机磷的转化,钼在维生素 C 和碳水化合物的生成、运转和转化中也起着重要作用。同时,钼作为生物体内一种重要的微量元素,对于生物体的生长、发育和代谢必不可少。随着工农业的发展,钼的应用范围逐渐扩大,其对于人类生存环境和人体健康的影响也引起了人们的关注。因此,研究和建立起测定微量钼的方法就显得尤为重要。

酸性条件下,$KBrO_3$ 和 KI 可发生氧化还原反应:

$$BrO_3^- + 6I^- + 6H^+ \Longrightarrow 3I_2 + Br^- + 3H_2O \tag{6-1}$$

测得其速率方程式为

$$v = k \cdot c_{BrO_3^-} \cdot c_{I^-} \cdot c_{H^+}^2$$

加入 $Na_2S_2O_3$ 后,产生 Landolt 效应:

$$2S_2O_3^{2-} + I_2 \Longrightarrow S_4O_6^{2-} + 2I^- \tag{6-2}$$

反应(6-2)的速率要比反应(6-1)的速率快得多,瞬间完成,故反应(1)生成的 I_2 立即与 $S_2O_3^{2-}$ 作用,生成无色的 $S_4O_6^{2-}$ 和 I^-。若向体系中加入淀粉,则 $Na_2S_2O_3$ 一旦耗尽,反应 6-1 生成的 I_2 就立即与淀粉指示剂作用,使混合液呈蓝色。因此,从反应开始混合到溶液出现蓝色的时间(称之为诱导时间,用 t 表示),到达诱导时间意味着 $Na_2S_2O_3$ 全部耗尽。

钼(Ⅵ)对反应(6-1)有明显的催化作用,作为催化剂的钼离子浓度 $c_{Mo(Ⅵ)}$ 与诱导时间 t 的倒数 $(1/t)$ 之间有如下线性关系:

$$\frac{t_0}{t} = a + b \cdot c_{Mo(Ⅵ)}$$

没有催化剂存在时,反应的诱导时间用 t_0 表示(亦可称之为空白值)。在一定实验条件下,t_0、a 和 b 均为常数。对含钼试样,测得其诱导时间 t 后,代入上式即可求出试样中的 Mo(Ⅵ) 含量。

(三)实验器具和药品

1. 实验器具

实验器具列于表 6-1 中。

表 6-1 实验 19 的实验器具

序号	仪器名称	规格	数量	备注
1	电动磁力搅拌器	85-1	1	
2	搅拌子	—	1	
3	秒表	—	1	
4	三孔式恒温水浴锅	HH-2 型	3	公用
5	烧杯	100 mL	2	
6	移液管	5 mL	1	
7	移液管	1 mL	1	
8	洗耳球	—	1	
9	移液管架	—	1	
10	试管架	—	1	
11	大试管	50 mL	8	
12	容量瓶	100 mL	1	
13	容量瓶	250 mL	1	
14	量筒	10 mL	5	
15	计算机		1	公用

2. 实验药品

实验药品列于表 6-2 中。

表 6-2 实验 19 的实验药品

序号	药品名称	浓度或规格	序号	药品名称	浓度或规格
1	KI	0.01 mol/L	5	淀粉	2%
2	$KBrO_3$	0.04 mol/L	6	Mo(Ⅵ)标准溶液	0.2 mg/mL
3	$Na_2S_2O_3$	0.001 mol/L	7	Mo(Ⅵ)样品	待测定
4	HCl	0.10 mol/L	8	蒸馏水	自制

(四)实验内容

1. 温度的影响

(1)室温下,于一支试管中加入 5 mL HCl、5 mL $KBrO_3$、5 mL 蒸馏水和 2 滴淀粉溶液,摇匀。在另一支试管中加入 5 mL KI 和 5 mL $Na_2S_2O_3$ 溶液,摇匀。把第二支试管中的溶液迅速倒入第一支试管中,置于电动磁力搅拌器上进行搅拌反应,并启动秒表开始计时,待溶液刚出现蓝色时按停秒表,记录诱导时间 t_0(即空白值)。

(2)室温下,用移液管准确量取 1 mL 的钼(Ⅵ)标准溶液于一支试管中,再向其中加入 5 mL HCl、5 mL $KBrO_3$、4.8 mL 蒸馏水和 2 滴淀粉溶液,摇匀。在另一支试管中加入 5 mL KI 和 5 mL $Na_2S_2O_3$ 溶液,摇匀。把第二支试管中的溶液迅速倒入第一支试管中,置于电动磁力搅拌器上进行搅拌反应,并启动秒表开始计时,待溶液刚出现蓝色时按停秒表,记录诱导时间 t。

(3)分别在比室温高约 5 ℃、10 ℃、15 ℃ 的恒温水浴锅中重复上述实验(1)和(2),测其空白值 t_0 和 0.2 mg Mo(Ⅵ)存在下的诱导时间 t,观察温度变化对诱导时间的影响,讨论 $1/t - 1/t_0$ 的值随温度的变化趋势。你发现有什么规律?

表 6-3 温度的影响实验试剂用量

编号			第一组		第二组		第三组		第四组	
			室温		室温+5 ℃		室温+10 ℃		室温+15 ℃	
			1-1	1-2	2-1	2-2	3-1	3-2	4-1	4-2
试剂用量/mL	试管1	Mo(Ⅵ)(0.2 mg/mL)	0	1	0	1	0	1	0	1
		HCl (0.1 mol/L)	5	5	5	5	5	5	5	5
		$KBrO_3$ (0.04 mol/L)	5	5	5	5	5	5	5	5
		H_2O	5	4	5	4	5	4	5	4
		淀粉 (2%)	2 滴	2 滴	2 滴	2 滴	2 滴	2 滴	2 滴	2 滴
	试管2	KI (0.01 mol/L)	5	5	5	5	5	5	5	5
		$Na_2S_2O_3$ (0.001 mol/L)	5	5	5	5	5	5	5	5
Mo(Ⅵ)浓度/(μg·mL^{-1})										
时间 t/s			$t_0=$	$t=$	$t_0=$	$t=$	$t_0=$	$t=$	$t_0=$	$t=$
$\dfrac{t_0}{t} = a + b \cdot c(\text{Mo}(\text{Ⅵ}))$										

2.钼工作曲线的绘制

取两个 100 mL 的烧杯,用移液管准确量取 a mL 的钼标准溶液于 1 号烧杯中,再向其中加入 10 mL HCl 溶液、10 mL $KBrO_3$ 溶液和 $(10-a)$ mL 蒸馏水,并加入 3 滴淀粉溶液,置于搅拌器上,搅匀。量取 10 mL KI 和 10 mL $Na_2S_2O_3$ 溶液于 2 号烧杯中,摇匀。在搅拌下将 2 号烧杯溶液迅速倒入 1 号烧杯中,同时开启秒表。待溶液刚出现蓝色时按停秒表,记录诱导时间 t,钼工作曲线实验试剂用量见表 6-4(a 依次为 0 mL、0.5 mL、1 mL、2 mL、4 mL)。用计算机软件以 $1/t$(单位:s^{-1})对钼离子浓度 $c(Mo(VI))$(单位:$\mu g/mL$)作图,绘制钼工作曲线并求其线性回归方程。

表 6-4 钼工作曲线实验试剂用量(温度:℃)

		编号	1	2	3	4	5
试剂用量/mL	1 号杯	Mo(VI) (0.2 mg/mL)	0	0.5	1	2	4
		HCl (0.1 mol/L)	10	10	10	10	10
		$KBrO_3$ (0.04 mol/L)	10	10	10	10	10
		H_2O	10	9.5	9	8	6
		淀粉(2%)	3 滴	3 滴	3 滴	3 滴	3 滴
	2 号杯	KI (0.01 mol/L)	10	10	10	10	10
		$Na_2S_2O_3$ (0.001 mol/L)	10	10	10	10	10
	Mo(VI)浓度/($\mu g \cdot mL^{-1}$)						
	时间 t/s						
	$\dfrac{1}{t}$/s^{-1}						

3.合成样中钼含量的测定

用移液管准确量取 1 mL 水样于 1 号烧杯中,再向其中加入 10 mL HCl 溶液、10 mL $KBrO_3$ 溶液和 9 mL 蒸馏水,并加入 3 滴淀粉溶液,置于搅拌器上,搅匀。量取 10 mL KI 和 10 mL $Na_2S_2O_3$ 于 2 号烧杯,摇匀。在搅拌下将 2 号烧杯溶液迅速倒入 1 号烧杯中,同时开启秒表。待溶液刚显蓝色时按停秒表,记录诱导时间 t。重复测定 1 次,将所测的 t 值分别代入钼线性回归方程中,求出水样中的钼含量,并求其平均值和测定的相对误差。

(五)实验思考题

(1)实验中为什么必须控制反应温度?如何确定体系的适宜反应温度?

(2)诱导时间的测量误差主要由哪些因素引起?如何减小测量误差?

(3)该实验中,$Na_2S_2O_3$ 也称为诱导剂。硫脲、盐酸羟胺、抗坏血酸(即 Vc)等也可将 I_2 还原为 I^-,它们能否替代 $Na_2S_2O_3$ 作为本实验的诱导剂?请自己设计实验方案进行探究。

(六)实验说明

(1)钼标准溶液由四水合钼酸铵溶于蒸馏水中配置得到。

(2)温度升高,反应速率加快,故诱导时间减小。随着温度的升高,$t_0/t = a + b \cdot c$[Mo(Ⅵ)]的值随温度的升高而增大,表明测定的灵敏度提高。但温度过高,对碘与淀粉的显色反应不利,且在 Mo(Ⅵ)浓度较大的情况下会出现诱导时间太短而使目视法测量误差较大的现象;而温度过低,反应又相对耗时。结合灵敏度、诱导时间、测量准确度以及测量的线性范围综合考虑,适宜温度为 15~40 ℃。

(3)在 25 ℃时,钼工作曲线的线性范围为 0~52 μg/mL,即诱导时间的倒数 $1/t$ 和钼离子浓度在 0~52 μg/mL 范围内成线性关系。而 35 ℃时,钼工作曲线的线性范围为 0~32 μg/mL。因此,本实验中绘制的钼工作曲线仅为实际钼工作曲线的一部分。

(4)水样必须保证和钼工作曲线实验在同一温度下测定。实际样品测定中,一般平行测定 3~6 次。因为实验课时间限制,这里选择平行测定两次。

实验 20 从废电池中回收锌皮制备硫酸锌

(一)实验目的

(1)以废干电池为原料回收废干电池中的锌,提高实验设计能力。

(2)掌握由废锌皮制备硫酸锌的方法。

(3)学习通过控制 pH 进行沉淀分离除杂质的方法。

(4)练习过滤、洗涤、蒸发、结晶等基本操作。

(二)实验原理

电池中的锌皮既是电池的负极,又是电池的壳体。当电池报废后,锌皮一般仍大部分留存,将其回收利用,既能节约资源,又能减少对环境的污染。锌是两性金属,能溶于酸或碱,在常温下,锌片和碱的反应极慢,而锌与酸的反应则快得多。因此,本实验采用稀硫酸溶解回收的锌皮以制取硫酸锌:

$$Zn + H_2SO_4 = ZnSO_4 + H_2 \uparrow$$

此时,锌皮中含有的少量杂质铁也同时溶解,生成硫酸亚铁:

$$Fe + H_2SO_4 = FeSO_4 + H_2 \uparrow$$

因此,在所得的硫酸锌溶液中,需先用过氧化氢将 Fe^{2+} 氧化为 Fe^{3+}:

$$2FeSO_4 + H_2O_2 + H_2SO_4 = Fe_2(SO_4)_3 + 2H_2O$$

然后用氢氧化钠调节溶液的 pH=8,使 Zn^{2+}、Fe^{3+} 生成氢氧化物沉淀:

$$ZnSO_4 + 2NaOH = Zn(OH)_2 \downarrow + Na_2SO_4$$

$$Fe_2(SO_4)_3 + 6NaOH = 2Fe(OH)_3 \downarrow + 3Na_2SO_4$$

再加入稀硫酸,控制溶液 pH=4,此时氢氧化锌溶解而氢氧化铁不溶,可过滤除去氢氧化铁,最后将滤液酸化、蒸发浓缩、结晶,即得 $ZnSO_4 \cdot 7H_2O$。

(三)实验器具和药品

1.实验器具

实验器具列于表 6-5 中。

表 6-5　实验 20 的实验器具

序号	仪器名称	型号规格	数量	备注
1	电子天平	0.001 g	3 台	公用
2	烧杯	150 mL	2 个	
3	量筒	25 mL	1 个	
4	pH 试纸	广泛	1 盒	
5	布氏漏斗	80 cm	1 个	
6	抽滤瓶	500 mL	1 个	
7	剪刀	—	1 把	
8	滤纸	中速	1 盒	
9	加热套	250 mL	1 个	
10	蒸发皿	12 cm	1 个	
11	玻璃棒	—	1 根	
12	比色管	25 mL	6 支	
13	比色管架	—	1 个	

2.实验药品

实验药品列于表 6-6 中。

表 6-6　实验 20 的实验药品

序号	药品名称	浓度或规格	序号	药品名称	浓度或规格
1	废电池	—	7	H_2SO_4	2 mol·L^{-1}
2	H_2O_2	3%	8	NaOH	2 mol·L^{-1}
3	$ZnSO_4·7H_2O$	C.P.	9	HNO_3	2 mol·L^{-1}
4	$AgNO_3$	0.1 mol·L^{-1}	10	HCl	3 mol·L^{-1}
5	KSCN	0.5 mol·L^{-1}	11	$FeSO_4$	饱和溶液
6	浓 H_2SO_4	98%			

(四)实验内容

1.锌皮的回收及处理

拆下废电池内的锌皮,用水刷洗除锌皮表面可能粘有的氯化锌、氯化铵、二氧化锰等杂质。将锌皮剪成细条状,备用。

2. 锌皮的溶解

称取处理好的锌皮 5 g,加入 2 mol L^{-1} H$_2$SO$_4$(比理论量多 25%),加热,待反应较快时,停止加热。不断搅拌,使锌皮溶解完全,过滤,滤液盛在烧杯中。

3. Zn(OH)$_2$ 的生成

往滤液中加入 3% H$_2$O$_2$ 溶液 10 滴,不断搅拌,然后将滤液加热煮沸,并在不断搅拌下滴加 2 mol·L^{-1} NaOH 溶液,逐渐有大量白色 Zn(OH)$_2$ 沉淀生成。加水约 100 mL,充分搅匀,在不断搅拌下,用 2 mol·L^{-1} NaOH 调节溶液的 pH=8 为止,抽滤。用蒸馏水洗涤沉淀,直至滤液中不含 Cl$^-$ 为止(如何检验?)。

4. Zn(OH)$_2$ 的溶解及除铁

将沉淀转移至烧杯中,另取 2 mol L^{-1} H$_2$SO$_4$ 滴加到沉淀中,不断搅拌,当有溶液出现时,缓慢加热,并继续滴加硫酸,控制溶液的 pH=4(注意:后期加酸要缓慢,当溶液的 pH=4 时,即使还有少量白色沉淀未溶,也无需加酸。加热,搅拌,Zn(OH)$_2$ 沉淀自会溶解。将溶液加热至沸,促使 Fe^{3+} 水解完全,生成 FeO(OH) 沉淀,趁热过滤,弃去沉淀。

5. 蒸发、结晶

在除铁后的滤液中,滴加 2 mol L^{-1} H$_2$SO$_4$,使溶液 pH=2,将其转入蒸发皿中,在加热套上蒸发、浓缩至液面上出现晶膜。自然冷却后,抽滤,将晶体放在两层滤纸间吸干,称量并计算产率。

6. 产品检验

要求:将产品质量检验的实验现象与实验室提供的试剂(三级品)"标准"进行对比,检验所得 ZnSO$_4$·7H$_2$O 产品是否符合试剂三级品要求;根据比较结果,评定产品中 Cl$^-$、Fe^{3+}、NO$_3^-$ 的含量是否达到三级品试剂标准。

称取 1.0 g ZnSO$_4$·7H$_2$O(三级),溶于 12 mL 蒸馏水中,均分装在三个 25 mL 的比色管中,比色管编号①。

称取 1.0 g 上述制得的 ZnSO$_4$·7H$_2$O,溶于 12 mL 蒸馏水中,均分装在三个 25 mL 的比色管中,比色管编号②。

(1) Cl$^-$ 的检验。在上面两组比色管中各取一支,各加入 2 滴 0.1 mol/L AgNO$_3$ 溶液和 1 滴 HNO$_3$ 溶液,用蒸馏水稀释至 25 mL 刻度,摇匀,进行比较。

(2) Fe^{3+} 的检验。在上面两组比色管中各取 1 支,各加入 3 滴 3 mol/L HCl 溶液和 2 滴 KCNS 溶液,都用蒸馏水稀释至 25 mL 刻度,摇匀,进行比较。

(3) NO$_3^-$ 的检验。在上面两组各剩下的一支比色管中各加入 2 mL 饱和 FeSO$_4$ 溶液,斜持比色管,沿管壁慢慢滴入 2 mL 浓 H$_2$SO$_4$,比较形成的棕色环。

根据上面三次比较结果,评定你的产品的 Cl$^-$、Fe^{3+}、NO$_3^-$ 的含量是否达到三级试剂标准。

(五)实验思考题

(1)计算溶解锌需要 2 mol L^{-1} 的 H$_2$SO$_4$(比理论量多 25%)多少毫升?

(2)画出产品制备的流程图。

(3)沉淀 Zn(OH)$_2$ 时,为什么要控制 pH=8?利用 $K_{sp}^{\ominus}$ 计算说明。

(4)检验三种离子的基本原理是什么?

(5)如果产品不符合三级品要求,如何提纯?

实验 21 含铬废水的处理

(一)实验目的

(1)学会含铬废水中 Cr(Ⅵ)的测定,学习标准曲线的绘制。

(2)了解化学还原法处理含铬工业废水的原理和方法。

(3)学习用分光光度法或目视比色法测定和检验废水中铬的含量。

(二)实验原理

铬是毒性较高的元素之一。铬污染主要来源于电镀、制革及印染等工业废水的排放,以 Cr$_2$O$_7^{2-}$ 或 CrO$_4^{2-}$ 形式的 Cr(Ⅵ)和 Cr^{3+} 存在。由于 Cr(Ⅵ)的毒性比 Cr^{3+} 大得多,还是一种致癌物质,因此含 Cr 废水处理的基本原则是先将 Cr(Ⅵ)还原为 Cr^{3+},然后将其除去。

对含铬废水处理的方法有离子交换法、电解法、化学还原法等。本实验采用铁氧体化学还原法。所谓铁氧体是指具有磁性的 Fe$_3$O$_4$ 中的 Fe^{2+}、Fe^{3+},部分地被与其离子半径相近的其他+2 价或+3 价金属离子(如 Cr^{3+}、Mn^{2+} 等)所取代而形成的以铁为主体的复合型氧化物。可用 M$_x$Fe$_{3-x}$O$_4$ 表示,以 Cr^{3+} 为例,可写成 Cr$_x$Fe$_{3-x}$O$_4$。

铁氧体法处理含铬废水的基本原理就是使废水中的 Cr$_2$O$_7^{2-}$ 或 CrO$_4^{2-}$ 在酸性条件下与过量还原剂 FeSO$_4$ 作用生成 Cr^{3+} 和 Fe^{3+},其反应为

$$Cr_2O_7^{2-} + 6Fe^{2+} + 14H^+ \longrightarrow 2Cr^{3+} + 6Fe^{3+} + 7H_2O$$

$$CrO_4^{2-} + 3Fe^{2+} + 8H^+ \longrightarrow Cr^{3+} + 3Fe^{3+} + 4H_2O$$

反应结束后加入适量碱液,调节溶液 pH 并适当控制温度,加少量 H$_2$O$_2$ 或通入空气搅拌,将溶液中过量的 Fe^{2+} 部分氧化为 Fe^{3+},得到比例适度的 Cr^{3+}、Fe^{2+} 和 Fe^{3+} 并转化为沉淀:

$$Fe^{3+} + 3OH^- \longrightarrow Fe(OH)_3 \downarrow$$

$$Fe^{2+} + 2OH^- \longrightarrow Fe(OH)_2 \downarrow$$

$$Cr^{3+} + 3OH^- \longrightarrow Cr(OH)_3 \downarrow$$

当形成的 Fe(OH)$_2$ 和 Fe(OH)$_3$ 的物质的量的比例为 1∶2 左右时,可生成类似于 Fe$_3$O$_4$·xH$_2$O 的磁性氧化物(铁氧体),其组成可写成 FeFe$_2$O$_4$·xH$_2$O,其中部分 Fe^{3+},可被 Cr^{3+} 取代形成 Fe^{3+}[Fe^{2+}Fe$_{1-x}^{3+}$Cr$_x^{3+}$]O$_4$ 的复合氧化物,Cr^{3+} 成为铁氧体的组成部分而沉淀下来。沉淀物经脱水等处理后,即可得到符合铁氧体组成的复合物。

铁氧体法处理含铬废水效果好,投资少,简单易行,沉渣量少且稳定,含铬铁氧体是一种磁性材料,可用于电子工业,既保护了环境,又利用了废物。

为检查废水处理的结果,常采用比色法分析水中的铬含量。其原理为:Cr(Ⅵ)在酸性介质中与二苯基碳酰二肼(见图6-1)反应生成紫红色配合物,该配合物溶于水,其溶液颜色对光的吸收程度与Cr(Ⅵ)的含量成正比。只要把样品溶液的颜色与标准系列的颜色比较或用分光光度计测出此溶液的吸光度,就能确定样品中Cr(Ⅵ)的含量。

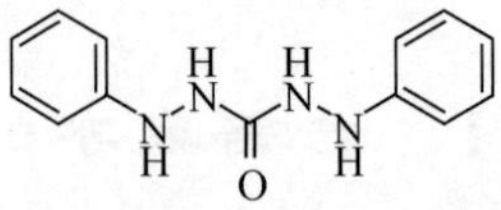

图 6-1 二苯基碳酰二肼的结构式

如果水中有 Cr^{3+},可在碱性条件下用 $KMnO_4$ 将 Cr^{3+} 氧化为 Cr(Ⅵ),然后再测定。为防止溶液中 Fe^{2+}、Fe^{3+}、Hg_2^{2+}、Hg^{2+} 等的干扰,可加入适量的 H_3PO_4 消除。

(三)实验器具和药品

1. 实验器具

实验器具列于表6-7中。

表 6-7 实验 21 的实验器具

序号	仪器名称	型号规格	数量	备注
1	电子天平	0.001 g	3	公用
2	烧杯	250 mL	2个	
3	锥形瓶	150 mL	2个	
4	移液管	25 mL	1支	
5	碱式滴定管	25 mL	1支	
6	量筒	10 mL,50 mL	4个	
7	pH试纸	1~14	1包	
8	滤纸	中速	1包	
9	磁铁	—	1块	
10	加热套	250 mL	1个	
11	蒸发皿	12 cm	1个	
12	玻璃棒	—	1根	
13	温度计	100 ℃	1支	
14	容量瓶	50 mL	6个	
15	比色管	25 mL	6个	
16	比色管架	—	1	
17	分光光度计	722	4台	公用
18	比色皿	1 cm	4个	

2.实验药品

实验药品列于表6-8中。

表6-8 实验21的实验药品

序号	药品名称	浓度或规格	序号	药品名称	浓度或规格
1	硫-磷混酸（体积比）	15% H_2SO_4 + 15% H_3PO_4 + 70% H_2O	7	二苯胺磺酸钠	1%
2	$(NH_4)_2Fe(SO_4)_2$ 标准溶液	0.05 mol·L^{-1}	8	H_2SO_4	3 mol·L^{-1}
			9	NaOH 溶液	6 mol·L^{-1}
3	$FeSO_4·7H_2O$	10%	10	$K_2Cr_2O_7$ 标准溶液	10.0 mg·L^{-1}
4	H_2O_2	3%	11	含铬废水	自制:1.6 g $K_2Cr_2O_7$ 溶于1 L自来水
5	二苯基碳酰二肼溶液	0.1%			
6	蒸馏水				

(四)实验内容

1.含铬废水中 Cr(Ⅵ)的测定

用移液管移取 25.00 mL 含铬废水于锥形瓶中,依次加入 10 mL H_2SO_4-H_3PO_4 混酸和 30 mL 蒸馏水,滴加 4 滴二苯胺磺酸钠指示剂并摇匀。用标准$(NH_4)_2Fe(SO_4)_2$溶液滴定至溶液刚由红色变为绿色为止,记录滴定剂消耗体积,平行测定 2 份,求出废水中 $Cr_2O_7^{2-}$ 的浓度。

2.含铬废水的处理

(1)取 100 mL 含铬废水于 250 mL 烧杯中,在不断搅拌下滴加 3 mol·L^{-1} H_2SO_4 溶液调整 pH 约为 1,然后加入 10% 的 $FeSO_4$ 的溶液,直至溶液颜色由浅蓝色变为亮绿色为止。

(2)往烧杯中继续滴加 6 mol·L^{-1} NaOH 溶液,调节溶液 pH 为 8~9,然后将溶液加热至 70 ℃ 左右,在不断搅拌下滴加 6~10 滴 3% 的 H_2O_2,充分搅拌后冷却静置,使 Fe^{2+}、Fe^{3+}、Cr^{3+} 的氢氧化物沉淀沉降。

(3)用倾泻法将上层清液转入另一烧杯中,用于处理后水质的检测。沉淀用蒸馏水洗涤数次,以除去 Na^+、K^+、SO_4^{2-} 等离子,然后将其转移到蒸发皿中,用加热套加热,并不时搅拌蒸发至干。待冷却后,将沉淀均匀地摊在干净白纸上,另用纸将磁铁裹住,与沉淀物接触,检查沉淀物的磁性。

3.处理后水质的检验

(1)配制 Cr(Ⅵ)溶液标准系列。用酸式滴定管分别准确放取 $K_2Cr_2O_7$ 标准溶液 0.00 mL、1.00 mL、2.00 mL、3.00 mL、4.00 mL、5.00 mL,分别注入 50 mL 容量瓶中并编号,用洗瓶冲洗瓶口内壁,加入 20 mL 蒸馏水,10 滴硫-磷混酸和 3 mL 0.1%二苯基碳酰二肼溶液,最后用蒸馏水稀释至刻度摇匀(观察各溶液显色情况),此时瓶中含 Cr(Ⅵ)依次为 0.00 mg·L^{-1}、0.20 mg·L^{-1}、0.40 mg·L^{-1}、0.60 mg·L^{-1}、0.80 mg·L^{-1}、1.00 mg·L^{-1}。

(2)处理后水样溶液的显色。于两个 50 mL 容量瓶中,取上述铬废水处理实验中的上层清液各 10 mL(若有悬浮物应先过滤),加入 10 滴硫-磷混酸和 3 mL 0.1% 二苯基碳酰二肼溶液,最后用蒸馏水稀释至刻度,摇匀。

(3)绘制工作曲线。采用 1 cm 比色皿,在 540 nm 处,以空白(1 号)作参比,用 722 分光光度计测定各标准系列溶液的吸光度(A),以 Cr(Ⅵ)含量为横坐标、A 为纵坐标作图,即得到工作曲线。

(4)处理后水样的检验。同法测出处理后水样的吸光度值,从工作曲线上查出相应的 Cr(Ⅵ)的浓度,然后求出处理后水中残留 Cr(Ⅵ)的含量,确定是否达到国家工业废水的排放标准(< 0.5 mg·L^{-1})。

(五)思考题

(1)在含铬废水的处理中,颜色由浅蓝色变为亮绿色的原因是什么?
(2)是否可以用其他氧化剂替代 H_2O_2 进行氧化?为什么?
(3)实验操作中应注意哪些要点?

(六)实验指导

(1)在含铬废水的处理实验中,pH 的调整一定要控制好,否则将影响铁氧体的组成和 Cr(Ⅵ)的还原。

(2)$K_2Cr_2O_7$ 标准溶液配制:将重铬酸钾在 100～120 ℃ 的烘箱中干燥 2 h,准确称取 0.141 0 g,溶于少量去离子水中,将溶液全部移入 500 mL 容量瓶内,用去离子水稀释到刻度,摇匀,然后将该溶液再稀释 10 倍。

(3)H_2O_2 溶液最好是新配制的,并贮存于棕色瓶中。

(4)二苯基碳酰二肼溶液的配制:称取 0.1 g 二苯基碳酰二肼,加入 50 mL 95% 乙醇溶液,待溶解后,再加入 200 mL 10%(体积百分比)H_2SO_4 溶液,摇匀。二苯基碳酰二肼不稳定,见光容易变质,应贮存于棕色瓶中(不用时置于冰箱)。该溶液应为无色。若溶液已显微红色,则不应再使用,所以该试剂最好随配随用。

实验 22 废铝制备铝的化合物、组成测定及应用研究

(一)实验目的

(1)了解复盐的性质及制备方法。
(2)熟悉金属铝和氢氧化铝的有关性质,了解废物综合利用的意义。
(3)掌握溶解、过滤、结晶、沉淀转移、洗涤等无机化合物合成的基本操作。
(4)理解明矾净水的原理,掌握利用浊度法监测水质及净水效果的原理和方法。

(二)实验原理

我国每年有大量的铝质饮料罐、铝箔、铝质器皿被废弃,可以回收利用,变废为宝。本实

验利用铝质易拉罐为原料制备铝的化合物,应用于污水处理。

1. 明矾制备原理

铝是一种两性元素,既与酸反应,又与碱反应。金属铝溶于氢氧化钠溶液,生成可溶性的四羟基铝酸钠,金属铝中其他的杂质则不溶,过滤除去杂质。随后用 H_2SO_4 调节此溶液的 pH 为 8~9,即有 $Al(OH)_3$ 沉淀产生。分离后,在沉淀中加入 HCl,使 $Al(OH)_3$ 转化为聚合氯化铝。在沉淀中加入 H_2SO_4,使 $Al(OH)_3$ 转化为 $Al_2(SO_4)_3$,$Al_2(SO_4)_3$ 能同碱金属硫酸盐(如 K_2SO_4)在水溶液中结合成一类在水中溶解度较小的复盐,称为明矾 $KAl(SO_4)_2 \cdot 12H_2O$。当冷却溶液时,明矾则结晶出来。其有关反应及制备流程(见图 6-2)如下:

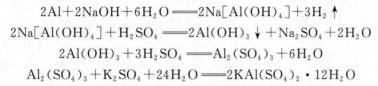

图 6-2 由废铝制备聚合氯化铝、聚合硫酸铝及明矾的流程图

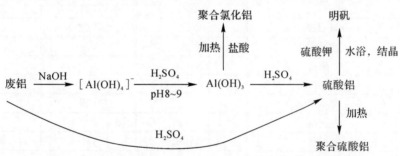

2. 明矾中铝含量的测定

本实验采用络合滴定测定明矾中的铝含量。因为 Al^{3+} 对二甲酚橙指示剂有封闭作用,且 Al^{3+} 与 EDTA 络合缓慢,需要加过量 EDTA 并加热煮沸,络合反应才比较完全。另外,Al^{3+} 水解生成一系列多核氢氧基络合物,如 $[Al_2(H_2O)_6(OH)_3]^{3+}$、$[Al_3(H_2O)_6(OH)_6]^{3+}$ 等,铝的多核络合物与 EDTA 络合缓慢,且络合比不恒定,对滴定不利。

为避免上述问题,可采用返滴定法。先加一定量过量的 EDTA 标准溶液,在 pH≈3.5 时,煮沸溶液。由于此时酸度较大,故不利于形成多核氢氧基络合物,又因 EDTA 过量较多,故能使 Al^{3+} 与 EDTA 络合完全。络合完全后,调节溶液 pH 至 5~6,(此时 Al^{3+}-EDTA 络合物稳定,也不会重新水解析出多核络合物),加入二甲酚橙,用 Zn^{2+} 标准溶液滴定至溶液由黄色变为紫红色,即为终点。

3. 明矾净水原理

明矾易溶于水,电离产生了 Al^{3+},Al^{3+} 水解生成胶状的氢氧化铝 $Al(OH)_3$ 沉淀:

$$Al^{3+} + 3H_2O \Longrightarrow Al(OH)_3(胶体) + 3H^+$$

氢氧化铝胶体的吸附能力很强,可以吸附水里悬浮的杂质并形成沉淀,使水澄清。因此,明矾是一种较好的净水剂。本实验采用制备的明矾开展净水实验,通过浊度测定评价净化效果。

(三)实验器具和药品

1. 实验器具

实验器具列于表6-9中。

表6-9 实验22的实验器具

序号	仪器名称	型号规格	数量	备注
1	烧杯	250 mL	2个	
2	烧杯	100 mL	2个	
3	真空水泵	SHZ-3	4台	公用
4	布氏漏斗	80 cm	1个	
5	抽滤瓶	500 mL	1个	
6	恒温烘箱	150 ℃	1台	公用
7	电子天平	0.000 1 g	2台	公用
8	电子天平	0.01 g	2台	公用
9	pH试纸	广泛	1包	
10	滤纸	中速	1盒	
11	加热套	250 mL	1个	
12	蒸发皿	9 cm	1个	
13	玻璃棒	—	1根	
14	容量瓶	250 mL	1个	
15	锥形瓶	250 mL	3个	
16	酸式滴定管	50 mL	1根	
17	浊度计	WZS-186	4台	公用
18	浊度瓶	—	1个	

2. 实验药品

实验药品列于表6-10中。

表6-10 实验22的实验室药品

序号	药品名称	浓度或规格	序号	药品名称	浓度或规格
1	NaOH	C.P.	8	Al屑	C.P.
2	H_2SO_4	3 mol·L^{-1}	9	K_2SO_4	C.P.
3	EDTA溶液	约0.02 mol·L^{-1}（需准确标定）	10	$NH_3·H_2O$	1:1
4	HCl溶液	6 mol·L^{-1}	11	六次甲基四胺溶液	20%
5	锌标准溶液		12	二甲酚橙指示剂	
6	蒸馏水		13	无水乙醇	A.R.
7	池塘水				

(四)实验内容

1. Na[Al(OH)$_4$]的生成

称取 2.3 g NaOH 固体,置于 250 mL 烧杯中,加入 30 mL 蒸馏水溶解。称取 1.0 g 铝屑,分批放入溶液中(反应剧烈,防止溅出,应在通风橱内进行),至不再有气泡产生,说明反应完毕,然后再加入蒸馏水,使体积约为 40 mL,抽滤。

2. Al(OH)$_3$的生成

将滤液转入 250 mL 烧杯中,加热至沸,在不断搅拌下滴加 3 mol·L^{-1} H$_2$SO$_4$,使溶液的 pH 为 8~9,继续搅拌煮沸数分钟,然后抽滤,并用沸水洗涤沉淀,直至洗涤液的 pH 降至 7 左右,抽干。

3. Al$_2$(SO$_4$)$_3$的制备

将制得的 Al(OH)$_3$ 转入烧杯中,在不断搅拌下,加入 3 mol·L^{-1} H$_2$SO$_4$ 溶液,并加热。当溶液变清后,停止加入硫酸,得 Al$_2$(SO$_4$)$_3$ 溶液。浓缩溶液为原体积的 1/2,取下,用水冷却至室温,待结晶完全后,抽滤,将晶体用滤纸吸干,称重。

4. 明矾的制备

将称重的硫酸铝晶体置于小烧杯中,配成室温下的饱和溶液。另称取 K$_2$SO$_4$ 固体,也配成同体积饱和溶液,然后将等体积的两饱和溶液相混合,搅拌均匀。放置,明矾晶体析出,减压抽滤,用少量蒸馏水洗涤 2 次,最后用乙醇洗涤,抽干。取出产品,称重,计算产率。

5. 产品检测

(1)取少量明矾晶体,设计实验验证溶液中是否存在 Al^{3+}、K$^+$、SO$_4^{2-}$,并写出方程式。

(2)明矾中铝含量的测定。准确称取 1 g 左右的产品,溶解,用蒸馏水定容至 250 mL,摇匀。取三个洁净的锥形瓶,分别移取上述产品溶液 20.00 mL、0.02 mol/L EDTA 溶液 15.00 mL,加 2 滴二甲酚橙指示剂,滴加 1:1 NH$_3$·H$_2$O 调至溶液恰呈紫红色,然后滴加 2 滴 6 mol·L^{-1} HCl 溶液。将溶液煮沸 1 min,冷却,加入 20 mL 20% 六次甲基四胺溶液,此时溶液应呈黄色,用锌标准溶液滴定至溶液由黄色变为紫红色即为终点。根据锌标准溶液所消耗的体积,计算明矾中 Al^{3+} 的质量分数。

由于 Al^{3+} 和 Zn^{2+} 与 EDTA 均生成 1:1 的配合物,可用下式计算产品中的 Al^{3+} 含量:

$$w_{Al^{3+}} = [c_{EDTA}V_{EDTA} - c_{Zn^{2+}}V_{Zn^{2+}}] \times \frac{250}{20} \times \frac{M_{Al^{3+}}}{m_{产物}} \times 100\%$$

6. 净化水质实验

取池塘混浊污水适量,在烧杯中加入明矾,搅拌后静置,取上清液,测定净化前后水的浊度,试验不同明矾投放量时的净水效果。

7. 浊度测定

(1)打开浊度计电源开关。

(2)校准浊度计。

(3)将标定仪器用的同只浊度瓶用零浊度水清洗干净。

(4)用池塘水润洗浊度瓶两次。

(5)将池塘水加入浊度瓶至"＋"标记部分,不能太少。操作时小心拿住浊度瓶"＋"标记以上部分,然后盖上浊度瓶盖。

(6)拿住浊度瓶瓶盖,用软布擦拭浊度瓶上的液体及指纹。

(7)将浊度瓶按标线指定位置插入仪器,合上盖子。

(8)仪表将显示测量结果,待读数稳定后,记录或储存测量结果。

(9)用明矾处理后所得上清液代替池塘水,重复(3)~(8),比较评价水质净化效果。

(五)实验思考题

(1)为什么用碱溶解 Al?

(2)本实验是在哪一步骤中除掉铝中的铁杂质的?

(3)将硫酸钾和硫酸铝两种饱和溶液混合能够制得明矾晶体,用溶解度来说明其理由。

(4)铝含量的测定方法还有哪些?

(5)制得的明矾溶液为何采用自然冷却得到结晶,而不采用骤冷的办法?

(六)实验说明

(1)废铝片可选用铝质的易拉罐、铝容器、铝箔等,铝片前处理应去掉涂层并将其剪碎。

(2)铝和 NaOH 反应一般应该是 NaOH 过量,反应很剧烈,所以应该盖上表面皿,铝屑应分多次加入,为了提高溶解度,可适当水浴加热,并应趁热过滤。

(3)$Al(OH)_3$ 在水溶液中存在的合适 pH 为 5~7,pH 为 7.8 时开始溶解,$Al(OH)_3$ 沉淀为胶状,所以必须抽滤。新沉淀的 $Al(OH)_3$ 长时间浸入水中或高于 130 ℃进行干燥将失去溶于酸和碱的能力。

(4)以 $Al(OH)_3$ 为原料制备明矾,加硫酸使固体溶解后,再加入 K_2SO_4,加热使溶液透明(如果不溶可适当加少量水),蒸发浓缩至出现晶膜,冷却后即有明矾晶体析出。

(5)表 6-11 中列出了一些含铝化合物的溶解度。

表 6-11 一些含铝化合物在 100 g 水中的溶解度(单位:g)

温度/℃	10	20	30	40	60	80	90	100
K_2SO_4	9.3	11.1	13.0	14.8	18.2	21.4	22.9	24.1
$Al_2(SO_4)_3$	33.5	36.4	40.4	45.8	59.2	73.0	80.8	89
$AlCl_3$	44.9	45.8	46.6	47.3	48.1	48.6	—	49.0
$KAl(SO_4)_2$	3.99	5.90	8.39	11.7	24.8	71.0	109.0	—

[附]浊度计的使用

WZS-186型浊度计采用散射-透射光测量原理，自动色度补偿。

1. 校准

仪器运行一段时间后，应使用标准浊度液对仪器进行校准，其中包含零点校准和样品标定。

(1)零点校准。

在测量状态将盛放零浊度水的浊度瓶按标线指定位置放入仪器，合上盖子，按仪器"零点/0"键，仪器开始零点标定，液晶显示器显示两个光电池的电流值。此时应使仪器保持平稳。约 1 min 后，零点校准自动完成。

(2)样品标定。

在测量状态按"标定/7"键，仪器进入标定状态，液晶显示器左上角显示"标定"，标定按后述测量步骤进行。如果准备标定多种浊度值，则必须按照从低浊度到高浊度标定的顺序。选择标准液的原则是使被测样品的浊度在两种标准液的浊度之间，且尽量接近标准液的浊度。仪器最多可保存 7 种标准液的标定值。一般情况下，零点校准完成后，在(0~20.00) NTU 量程档，应至少在 2 NTU 和 20 NTU 进行标定；在(20.0~200.0)NTU 量程档，应至少在 20 NTU、100 NTU 和 200 NTU 进行标定；在(200~2 000)NTU 量程档，应至少在 200 NTU、500 NTU、1 000 NTU 和 2 000NTU 进行标定。用户可选择第一个标定液和最后一个标定液，中间的标定液按仪器提示选择。按"△/8"或"▽/2"键选好第一点标定液后，将盛放标样的浊度瓶按标线指定位置放入仪器，合上盖子。按"确认"键，仪器开始标定，液晶显示器显示两个光电池的电流值。此时应使仪器保持平稳，约 1 min 后，这个标样的标定过程自动结束，仪器会显示下一个标样的浊度值。

如果需要继续标定，则按仪器提示选择标定液，然后重复上述过程。如果已完成全部标样的标定，则回到测量状态。如果不需继续标定，则按"取消"键结束标定，回到测量状态。

2. 测量

接通仪器电源，仪器即进入测量状态。仪器从其他状态返回时，也进入测量状态。在测量状态，液晶显示器左上角显示"测量"。

样品测量步骤：

(1)将标定仪器用的同只浊度瓶用零浊度水清洗干净。

(2)用待测样品润洗浊度瓶几次。

(3)将待测样品加入浊度瓶至"＋"标记部分，不能太少。操作时小心拿住浊度瓶"＋"标记以上部分，然后盖上浊度瓶盖。

(4)拿住浊度瓶瓶盖，用软布擦拭浊度瓶上的液体及指纹。

(5)将浊度瓶按标线指定位置插入仪器，合上盖子。

(6)仪表将显示测量结果，待读数稳定后，记录或储存测量结果，并进入下一个样品的测量。

3.浊度瓶的准备。

(1)浊度瓶的筛选。

应选择瓶体特别是"+"标记以下部分无明显划痕的浊度瓶,瓶底部应平整。

(2)浊度瓶的清洗。

浊度瓶要保持内外清洁,所以清洁浊度瓶时应格外小心,先用清洁剂清洗浊度瓶,然后最好用1∶1硝酸浸泡一晚上,最后用大量去离子水多次清洗。清洗过程中应拿住浊度瓶"+"标记以上部分,防止弄脏浊度瓶及在浊度瓶上留下手印。

4.标准样品的准备

(1)零浊度水的准备。

选用孔径不大于 $0.2~\mu m$ 的微孔滤膜过滤蒸馏水(或电渗析水、离子交换水),需要反复过滤2次以上,所获得的滤液即为零浊度水。

(2)标准样品的选择和准备。

使用国家技术监督局颁布的 Formazine 标准物质,如 GBW12001 400 NTU 及 4 000 NTU 浊度(Formazine)标准物质。当难以获得 Formazine 标准物质时,可按"ISO 7027"所规定的方法配制 4 000 NTU 和 400 NTU 的浊度标准溶液。其余的浊度标准样品根据这两个标准溶液和零浊度水稀释而成。Formazine 标准溶液应存放在冰箱(4~8 ℃)内,而稀释的浊度标准样品是随用随配的,不宜保存。

(3)浊度标准溶液的配制。

a.4000 NTU 浊度标准溶液。准确称取 5.0 g 六次甲基四胺($C_6H_{12}N_4$),溶于大约 40 mL 零浊度水。准确称取 0.5 g 硫酸肼($N_2H_6SO_4$),溶于大约 40 mL 零浊度水。

警示:肼类硫酸盐有毒并且可能是致癌物,操作时注意安全。完全移取上述两种溶液至100 mL 容量瓶中,加入零浊度水至刻度,摇匀使其充分混合。该容量瓶放置在 25 ℃±1 ℃的恒温箱或恒温水浴中,静置 24 h。该悬浮液的浊度值定为 4 000 NTU。浊度标准溶液应在暗处保存。

b.400 NTU 浊度标准溶液。用移液管吸取 4 000 NTU 标准溶液 10.00 mL 至 100 mL容量瓶中,加入零浊度水稀释至刻度,摇匀后该溶液即为 400 NTU 浊度标准溶液。溶液应保存在暗处。

第七部分　智能仿真实验

实验 23　气相色谱-质谱联用仪智能仿真

气相色谱-质谱联用仪多媒体仿真软件包括原理、演示、仿真操作和测验四部分。原理和演示文件打开后自动播放,并配有解说和相应的演示画面。仿真操作文件打开后,可完全参照演示部分的内容依次操作。测验部分主要用来检验操作者对所学内容的掌握程度,并配有标准答案作对照。

1. 开机

打开计算机,放入光盘。打开光盘内容,进入该软件主界面。主界面上显示原理、演示、仿真和测验四个按钮,可任意点击,无先后顺序。

2. 原理与演示

点击"原理"或"演示",可观看该仪器的原理介绍和样品分析的仿真操作过程。播放完成后,点击"返回",回到主界面。

3. 仿真操作

点击"仿真",即可开始未知样品的仿真分析过程。

(1)选择某一未知样品,自动进入控制系统,页面中有"参数设置""进样""谱图""打开文件"四个按钮,使用时需依次点击。

(2)点击"参数设置",设定操作参数。

点击"毛细管柱",显示三种极性的毛细管柱,选择其一。当不知如何选择时,可点击屏幕下方"提示"按钮,获得柱选择的信息。点击"下一步",进入"温度设置"。

打开加热器和区域温度开关,进入区域温度的设置。

区域温度设置包括进样口温度和检测器温度的设置,分别点下拉菜单,进行温度的选择。当选择不合适时,将有提示栏跳出,提示正确选择。也可直接点击"提示"按钮后,再选择。点击"下一步",进入程序升温设置。

程序升温包括初始温度和最终温度设置。点开下拉菜单,选择某一温度。也可经"提示"后再选择。点击"下一步",进入柱压设置。

点开柱压下拉菜单,选择某一压力,或经"提示"后再选择。点击"下一步",进行分流比选择。

点开分流比下拉菜单,选择某一比例,或经"提示"后再选择。点击"下一步",进行质谱检测的"分子质量范围"设置。

点开分子质量范围下拉菜单,选择某一分子质量范围,或经"提示"后再选择。点击"下一步",此时显示所有已设参数,可检查所设置的参数是否合适。若需修改,点击"上一步",返回相应的页面进行参数的修改。如果无误,点击"完成",回到控制系统,准备进样。

(3)点击"进样",显示进样画面。画面播放完成后,自动返回主界面。开始气相色谱和质谱的分析。

(4)色谱分析。点击"谱图",进入色谱分析界面。点击"色谱图",自动显示色谱图的出峰过程。出峰完成后,"色谱图"按钮成为灰色,不可点击。其他按钮同时被激活。拖动绿色标尺至各色谱峰,则在屏幕左下方方框内显示各色谱峰出峰的保留时间及峰面积。点击"标识图谱",自动标识出各色谱峰保留时间。点击"图形处理",可对色谱图进行左右移动、放大缩小等处理。点击"质谱检索",进入质谱分析。

(5)质谱分析。将绿色标尺拖至某一色谱峰,并点击,则在色谱图下方显示与该色谱峰对应的质谱图。点击"质谱分析",在屏幕左下方显示标准图库中与样品质谱图相匹配的五种物质的名称、相对分子质量和匹配概率。点击任一物质,在右侧方框内将显示该物质的结构式,在样品色谱图的下方显示该物质的标准质谱图。屏幕右上方有"样品质谱解析"和"标准图库检索"两个按钮,可进行切换。点击"样品质谱解析",则在样品质谱图下显示其主要质谱峰所对应的分子碎片,可确定色谱峰所对应的物质。点击"返回",以同样的方法进行其他色谱峰的质谱分析。分析完成后,"保存"分析结果。"返回"控制系统界面。选择"打开文件",可查看已保存的色谱和质谱分析结果。这样,一个学习过程就完成了。详细过程请参看"演示"。

(6)某一样品的仿真操作完成后,点击"返回",到"仿真操作-样品选择"界面,继续其他样品的测试上。

4. 测验

"测验"部分包括10道关于气相色谱-质谱联用仪的测试题,并配有标准答案和对错提示。

实验 24 光谱智能仿真

(一)傅里叶变换红外光谱仪

傅里叶变换红外光谱仪的软件操作步骤如下:

(1)傅里叶变换红外光谱仪"片头",跳出"光盘介绍"及"帮助",进入"主菜单"。

(2)点击"原理",自动播放红外光谱仪的基本原理。

(3)点击"演示",自动播放红外光谱仪的操作演示。

(4)点击"仿真",跳出"未知样品1-未知样品7",选定并点击,进入"系统主菜单",点击"谱图扫描"。

(5)选择"扫描区间"400~4 000 cm^{-1}、400~800 cm^{-1}、800~2 000 cm^{-1}、2 000~4 000

cm^{-1} 等;"分辨率"10 cm^{-1}、5 cm^{-1}、2 cm^{-1}、1 cm^{-1}、0.5 cm^{-1} 等;如果不选择,直接点击"进入",仪器以默认值扫描区间 400~4 000 cm^{-1}、分辨率 2 cm^{-1} 进行"谱图扫描"。

(6)点击"本底扫描",扣除环境中 CO_2、水蒸气的干扰。

(7)点击"试样扫描",选择"透射光谱"或"吸收光谱"。

(8)点击"谱图转换",可将透射光谱图与吸收光谱图互换。

(9)点击"图形处理",对谱图进行横向或纵向的放大、缩小、左移、右移、上移、下移等处理。

(10)点击"谱图保存",输入文件名,点击"保存";点击"返回"系统主菜单。

(11)点击"谱图检索"中的"打开样品谱图",点击"文件名",选择谱图颜色,谱图跳出。

(12)点击"选择图库",根据待测样品,选择并点击;点击"检索匹配",出现与待检索样品匹配概率较高的物质名;点击物质名,该标准谱图与样品谱图叠加显示,对应的结构式在谱图下方,逐一点击。

(13)返回"系统主菜单",点击"谱图分析"。

(14)点击"打开文件",选择颜色,点击"文件名",打开。

(15)移动十字标尺,点击"标识谱图",标出波长和相对吸收强度的数值;点击"振动方式",出现对应结构的振动形式,逐一点击。

(16)点击"打印图谱",得到分析样品的红外光谱图。

(17)返回"系统主菜单",点击"测验",通过测验完成学习。

(18)退出。

(二)紫外可见光谱仪智能仿真

紫外可见光谱仪多媒体仿真软件包括原理、演示、仿真操作和测验四部分。原理和演示文件打开后自动播放,并配有解说和相应的演示画面。仿真操作文件打开后,可完全参照演示部分的内容依次操作。测验部分主要用来检验操作者对所学内容的掌握程度,并配有标准答案作对照。建议先观看"原理"和"演示",再进行仿真操作。其软件操作步骤如下。

1. 开机

打开计算机,放入光盘。打开光盘内容,进入该软件主界面。主界面上显示原理、演示、仿真和测验四个按钮,可任意点击,无先后顺序。

2. 原理与演示

点击"原理"或"演示",可观看该仪器的原理介绍和样品分析的仿真操作过程。播放完成后,点击"返回",回到主界面。

3. 仿真

点击"仿真",自动显示紫外光谱仪的开机画面,随后进入样品选择界面。

(1)选择某一样品,则自动显示加样、待测画面。画面结束后,自动进入控制系统。系统中设有"基线校正""参数设置""谱图扫描""谱图分析"及"重选样品"五个按钮。此时,"基线校正"和"重选样品"按钮可点击。

(2)点击"基线校正",设定基线校正波长。在"开始波长"的下拉菜单中选择某一波长,再在"结束波长"菜单中选择某一波长。波长选择原则参照"演示"。点击"确定",自动显示基线校正进程,并自动进入系统主菜单。此时,"参数设置"按钮被激活。

(3)点击"参数设置",进行"测定参数"和"仪器参数"设置。此时所显示的各参数属于"测定参数",各参数设置完成后,"仪器参数"按钮才可点击。各参数设置原则参看"演示"。所有参数设置完成后,点击"确定",自动演示数据上传进程,并回到主菜单。

(4)点击"谱图扫描",进入谱图扫描界面。点击"扫描",自动演示谱图的出峰过程。演示完成后"扫描"按钮变为"分析"按钮。点击"分析"按钮,进入谱图分析界面。

点击"标识谱图",显示被标识谱峰,并在谱图下方表格中给出所标识谱峰的信息。

点击"谱图检索",自动跳出对该样品的定性分析结果。

点击"保存",键入文件名,保存该样品测试结果。点击"返回",回到系统主菜单。点击"重选样品",进入样品选择界面,可选其他样品进行仿真分析。

(5)所有样品分析完成后,点击"返回",退出仿真操作,进行"测试"练习。

(三)原子吸收光谱仪智能仿真

原子吸收光谱仪智能仿真软件操作步骤如下:

(1)原子吸收光谱仪"片头",跳出"光盘介绍"及"帮助",进入"主菜单"。

(2)点击"原理",自动播放原子吸收光谱仪的基本原理。

(3)点击"演示",自动播放原子吸收光谱仪的操作演示。

(4)点击"仿真",进入"开机"及"选择燃气"(乙炔-空气、乙炔-一氧化二氮、氢气-空气等);不选择时,仪器以默认燃气为乙炔-空气进入,点击"下一步"。

(5)打开燃气瓶,开机进入系统。点击"返回"。

(6)点击"参数设置"。在元素周期表中点击待选元素,显示元素名及共振吸收线波长;点击"元素波长表"另选共振吸收线波长。点击"下一步"。

(7)仪器旋转灯架选灯。若点击"上一步",重新选元素及共振吸收线波长。点击"下一步"。

(8)显示:灯的名称、波长、采样次数、采样时间。点击"下一步"。

(9)选择:燃气流量 0.9~1.4 L/min、燃烧器高度 7.0~10.0 mm、灯电流 30%~70%、狭缝宽度 0.2~0.5 nm。点击"下一步"。

(10)点击"点火",仪器自动点火,返回。

(11)点击"标准曲线",仪器自动绘制标准曲线,绘制完成,点击"查询",可以逐点查询,点击"完成",返回。

(12)点击"测样",从标准曲线上查出待测元素的浓度,计算含量;点击"保存",命名。点击"完成",返回。

(13)点击"查看数据",可以逐一看"参数设置""标准曲线""测样""元素"。点击"返回"。

(14)点击"测验",通过测验,完成学习。

(15)退出。

(四)原子发射光谱仪智能仿真

原子发射光谱仪多媒体仿真软件包括原理、演示、仿真操作和测验四部分。原理和演示文件打开后自动播放,并配有解说和相应的演示画面。"仿真"操作,可完全参照"演示"中提示的方法进行。测验部分主要用来检验操作者对所学内容的掌握程度,并配有标准答案作对照。

原子发射光谱仪智能仿真软件操作步骤如下。

1. 开机

打开计算机,放入光盘。打开光盘内容,进入主界面。主界面上显示"原理""演示""仿真"和"测验"四个按钮。可任意点击,无先后顺序。

2. 原理与演示

点击"原理"或"演示",可观看该仪器的原理介绍和样品分析的仿真操作方法。播放完成后,点击"返回",回到主界面。

3. 仿真操作

点击"仿真",即可开始未知样品的仿真分析过程。

(1) 仪器自动初始化,校正波长。

"校正波长"按钮在初始化后被激活。点击该按钮,弹出对话框,确定后,开始自动校正过程。屏幕右侧提示"自动校正中",并有"手动校正"按钮进行切换。具体操作过程请参看"演示"。所有元素波长校正完成后,自动进入控制系统界面。也可在确定波长已校正的情况下,点击"跳过"按钮,终止校正,进入控制系统。

(2) 定性分析。

a. 在控制系统中有"定性分析""定量分析""打开文件"三个按钮,无选择顺序。点击"定性分析",进入定性分析界面。

b. 进样。输入样品名,点开下拉菜单,选择样品抽吸时间和最大整合时间。选中并点击盛有某一未知样品溶液的容量瓶,动画演示进样。

c. 分析。进样结束后,自动显示出未知样品的全波长图,内有许多不同颜色的方块,在波长图外有相应颜色的方块闪烁,同时给出对应的定性结果。保存分析结果,自动返回定性分析"进样"界面,点击"返回",回到控制系统。也可继续分析其他未知样品后,再返回控制系统。

(3) 定量分析。

a. 点击"定量分析"按钮,打开分析界面。该界面中的各项按钮必须按排列顺序依次点击,当前一项完成后,后一项才可被激活。

b. 建立分析方法。点开该按钮,出现元素周期表,由于本软件以十种元素的分析为例,这十种元素在周期表中被设为黑色字体,可点击。其余元素则为灰色字体,不可点击。

选择某一待分析的元素,点击。在屏幕左侧方框内显示被选元素常用于分析的灵敏线波长。三个波长为可选波长,后面的波长设为不可点击。

点击波长前的小方框,出现红色对钩,同时在屏幕右侧方框内显示与该波长有干扰的元素及谱线波长,按同样方法再选择其他波长。一般应至少选择两个波长。

点击"确定",返回元素周期表,按同样方法进行其他元素和波长的选择。选择完成后,点击"下一步",界面显示所选元素、波长及该元素标准溶液的浓度。标准溶液浓度在此设为

10 ppm(1 ppm＝10^6)和 40 ppm,空白为 0。在"抽吸时间"菜单中,选择任一时间,分析方法建立完成。点击"保存方法",分析方法被保存。点击"完成",返回定量分析界面。"进标准样"按钮被激活。

c. 绘制标准曲线。点击"进标准样",动画显示进样,并自动给出相关系数报告。报告中最左侧为分析方法中建立的几种元素波长,向右依次为每一波长所对应的标准曲线斜率、截距、相关系数。点击任一数据,则显示该数据所对应元素符号、波长及该波长的标准曲线。点击"关闭",返回报告,按同样方法继续查看其他标准曲线。点击"返回",回到定量分析界面。对线形关系不好的元素波长,可在"建立分析方法"或"查询分析方法"中进行修改,或重新建立分析方法,具体操作参看"演示"。

d. 测样。点击"测样",进入测样界面。点击盛有待测元素溶液的容量瓶,开始进样,结束后自动给出测样结果报告,点击任一数据,则显示该数据所对应的元素、波长及波长图。经"扣除背景"处理后,关闭波长图,返回结果报告,再依次查看其他数据。详细分析过程请参看"演示"。点击"保存",测样结果被保存。点击"返回",回到定量分析界面。

e. "查询分析方法"可用来查询已建立的分析方法,或修改不合适的方法。在该界面点击"返回",将回到控制系统主菜单。主菜单中的"打开文件"可用来打开已保存的定性分析结果和定量分析结果。

4. 测验

练习"测验"应安排在观看完原理、演示内容,并进行过仿真操作以后。这部分有 10 道题,并配有对错提示和标准答案。

实验 25 核磁共振谱仪智能仿真

核磁共振谱仪多媒体仿真软件包括原理、演示、仿真操作和测验四部分。原理和演示文件打开后自动播放,并配有解说和相应的演示画面。仿真操作文件打开后,可完全参照演示部分的内容依次操作。测验部分主要用来检验操作者对所学内容的掌握程度,并配有标准答案作对照。建议先观看"原理"和"演示",再进行仿真操作。

核磁共振谱仪多媒体仿真软件操作步骤如下。

1. 开机

打开计算机,放入光盘。打开光盘内容,进入该软件主界面。主界面上显示"原理""演示""仿真"和"测验"四个按钮。可任意点击,无先后顺序。

2. 原理与演示

点击"原理"或"演示",可观看该仪器的原理介绍和样品分析的仿真操作过程。播放完成后,点击"返回",回到主界面。

3. 仿真操作

点击"仿真",进入样品选择界面。

(1)选择样品。共有 8 种未知样品,选择其一,自动进入系统主菜单。

(2)参数设置。点击"参数设置",进入测定参数设置界面。各参数须从上至下依次设置,前一参数设置完成后,下一个参数方可点击。具体操作可参见"演示"。

无须点击"溶剂选择"按钮,直接选择溶剂,"确认"后可开始进样。

点击"进样",自动演示进样画面。

点击"共振频率",本软件只针对核磁共振氢谱的仿真分析,故只有氢的共振频率可选。

点击"脉冲功率",有两项可选,选择其一。

点击"驰豫时间",三项可选,选择其一。

点击"温度设置",在小方框内键入 273~1 000 K 之间的某一温度,也可选择系统默认温度 300 K。点击"确定"。

点击"扣除背景",根据参数设置中第一步所选的溶剂,选择需扣除背景的溶剂。

点击"谱宽选择",四项可选,选择其一。

点击"扫描次数",三项可选,选择其一。

点击"采样点数",三项可选,选择其一。

至此,所有参数设置完毕。点击"完成",回到主菜单。

(3)均场。点击"均场",左侧画面显示仪器自动均场。右侧显示所设置的各参数,如果需要修改,可点击"返回",回到主菜单,在"参数设置"中修改参数。均场完成后,"返回"键自动变成"完成"键,点击"完成",回到主菜单。

(4)谱图测定。点击"谱图测定",进入谱图的测定和分析。此时仅有"测定"可点击。

点击"测定",显示自动出峰过程,得到样品的核磁共振谱图。此时"保存""谱图处理""谱图解析"变为可点击。

点击"谱图处理",弹出对话框,根据所得谱图上的信息,在小方框内键入合适的数字。点击"确定",显示经过处理的谱图。如果不需要处理谱图,可点击"取消"或"恢复"键。

点击"谱图解析",在谱图上方显示该谱图所代表的样品的结构式,所有氢原子均用黄色标出。拖动蓝色标尺到某一谱峰,则结构式中与该峰对应的氢原子闪烁,并变为白色。依次拖动标尺到其他谱峰分析。具体分析过程可参考"演示"的解说。

点击"保存",键入文件名,保存所得谱图。点击"返回",回到主菜单。

在主菜单中点击"返回",退出仿真操作,进入样品选择界面,再进行其他样品的分析。

4. 测验

所有样品分析后,可练习"测验"。这部分有 10 道题,并配有对错提示和标准答案。

实验 26 X 射线衍射仪智能仿真

X 射线衍射仪是测定晶体结构的主要仪器,仿真软件由 X 射线衍射的"基本原理""操作演示"、人机互动的智能化"仿真操作"和检测学习效果的智能化"练习测试"四部分组成。

该软件通过智能化的"参数设置""样品扫描""标识谱图""谱图检索""晶体结构"等交互式仿真操作,使学生全面而深入地理解和掌握 X 射线衍射分析的基本原理、工作参数设置、仪器操作和测试结果分析方法等。

X 射线衍射仪软件操作步骤如下:

(1)打开计算机,放入光盘。打开光盘,显示 X 射线衍射仪"片头"和"光盘介绍",点击

"跳过",进入软件主页面。

(2)主页面显示"原理""演示""仿真"和"测试"四个按钮。可任意点击,无先后顺序。

(3)点击"原理"按钮,自动播放X射线衍射仪的分析原理,并配有解说和相应画面。播放完成后,点击"返回",回到主页面。

(4)点击"演示",自动播放X射线衍射仪的分析操作全过程,可观看样品分析的全仿真过程,并配有解说。播放完成后,点击"返回",回到主页面。

(5)点击"仿真",显示未知样品1~未知样品5,选择其中一个样品,即可开始未知样品的仿真分析全过程,可完全参照演示部分的内容依次操作。

(6)点击"参数设置",设定仪器工作参数。"参数设置"分为"扫描轴"设置和"扫描模式"设置两部分。初次进入时,必须首先设置"扫描轴",扫描轴设置完成后,"扫描模式"按钮变为可选,方可设定扫描模式。

"两侧同时扫描"是指仪器的两个检测器同时工作,"单侧扫描"则表示只有单侧的一个检测器工作,一般可任选。

(7)点击"扫描模式"。"扫描模式"包括"扫描方式""扫描角度范围""扫描速率"。初次设置"扫描模式"时,必须按顺序设置。

(8)点击"扫描方式","定速连续扫描"是指检测器及测量系统始终以相同的速率对样品进行扫描分析,工作效率较高,适用于大多数样品;"步进扫描"是指试样每转动一个固定的角度就停下来,测量该位置上的衍射强度。步进扫描在样品的衍射线强度极弱或背景辐射较高时可提高检测的准确度。

(9)点击"扫描角度范围"。选择最小起始角10°,最大终止角80°。"步长"是指检测器和测量系统的转动并非严格连续,而是一步步跳跃式转动,步长越小,精度越高。

(10)点击"扫描速率",设置检测器和测量系统的转动速率。

(11)参数设置完成后,点击"完成",将参数上传到仪器。

(12)点击"制样/装样"。将事先已经干燥、研磨好的粉末样品装填到专用载物片,插入样品架。

(13)点击"谱图",开始扫描,得到待测样品的X射线衍射谱图。

(14)点击"扣除背景",即可消除仪器噪声,校正谱图基线。

(15)点击"标识谱图",进入子页面。谱图右侧表中列出的是X射线衍射谱图中强度较大谱峰信息,移动图上光标,可查看光标所在谱峰的详细信息。点击"确定",返回谱图分析。

(16)点击"谱图检索",分"自动检索"和"元素限定检索"两种。如果能够确定样品所含元素种类,选择元素限定检索方式既快捷又准确;若不能确定样品的元素种类,则选择自动检索。

(17)选择"自动检索",进入子页面,点击"检索",仪器将样品谱图与图库中的谱图比对,按匹配概率高低给出5种物质。点击各物质,在样品的线状谱图下方会依次显示出这5种物质的特征峰谱图。点击"最小化图标",可关闭检索结果。点击"返回",回到谱图分析页面。

(18)点击"元素限定检索"。点击"参考信息",可得该样品的元素分析。点击"确定",进入谱图检索子页面。检索过程与自动检索相同。

(19)点击"保存",键入文件名,如"样品1",点击"保存"。

(20)点击"返回",回到谱图分析页面,再点击"返回",回到仪器分析主页面。

(21)点击"分析报告",选择已保存的文件,如"样品1",可浏览该样品晶体结构的详细分析报告,各特征峰的位置、强度、半峰宽、晶面间距、相对强度以及结晶学数据,如晶型、空间群、晶胞参数、密度等。

(22)点击"返回",关闭"分析报告",回到仪器分析主页面。

(23)点击"退出",可重新选择样品继续分析。

(24)点击"测试",检验操作者对所学内容的掌握程度,并配有标准答案作对照。

(25)点击"返回",回到主页面。

(26)点击"退出",出现片尾,全过程结束。

附 录

附录一　化学试剂的规格及选用

各国对化学试剂等级规格的划分不一样,尤其是在国外,有些国家不同厂家的规格等级也常不一样,这就给购买和选用带来一定的困难。

我国全国统一的试剂规格等级划分如附表 1 所示。

附表 1　全国统一的试剂规格等级划分

全国统一化学试剂规格等级质量标准	一级品	二级品	三级品	四级品
我国习惯上的等级(符号)	保证试剂 (G.R.)	分析试剂 (A.R.)	化学纯 (C.P.)	实验试剂 (L.R.)
质量	纯度很高	纯度较高	纯度不高	纯度较差
使用范围	精确分析及研究用	一般分析及研究用	工业分析及化学实验用	化学实验可用
瓶签标志颜色	绿色	红色	蓝色	黑(黄)色

除了附表 1 中所列的四种规格的化学试剂外,其他规格的化学试剂还有有机分析试剂(O.A.R.)、微量分析试剂(M.A.R.)、标准物质(S.S.)、光谱纯(Spedpure)、特纯(E.P.)、指示剂(In d)、工业试剂、医用试剂等。

在大学化学实验中,多数选用分析纯(A.R.)试剂,也采用一些化学纯试剂(C.P.),只有在极少数特别要求情况下才选用四级试剂及一级试剂。

附录二　常用酸碱溶液的密度和浓度(15 ℃)

常用酸碱溶液的密度和浓度(15 ℃)见附表 2。

附表 2　常用酸碱溶液的密度和浓度(15 ℃)

溶液名称	密度 ρ / g·mL^{-1}	质量分数/%	物质的量浓度 c / mol·L^{-1}
浓硫酸(H_2SO_4)	1.84	95~96	18

续表

溶液名称	密度 ρ / g·mL^{-1}	质量分数/%	物质的量浓度 c / mol·L^{-1}
稀硫酸(H_2SO_4)	1.18	25	3
稀硫酸(H_2SO_4)	1.06	9	1
浓盐酸(HCl)	1.19	38	12
稀盐酸(HCl)	1.10	20	6
稀盐酸(HCl)	1.03	7	2
浓硝酸(HNO_3)	1.40	65	14
稀硝酸(HNO_3)	1.20	32	6
稀硝酸(HNO_3)	1.07	12	2
浓磷酸(H_3PO_4)	1.7	85	15
稀磷酸(H_3PO_4)	1.05	9	1
稀高氯酸($HClO_4$)	1.12	19	2
浓氢氟酸(HF)	1.13	40	23
氢溴酸(HBr)	1.38	40	7
氢碘酸(HI)	1.70	57	7.5
冰醋酸(CH_3COOH)	1.05	99～100	17.5
稀醋酸(CH_3COOH)	1.04	35	6
稀醋酸(CH_3COOH)	1.02	12	2
浓氢氧化钠(NaOH)	1.36	33	11
稀氢氧化钠(NaOH)	1.09	8	2
浓氨水[NH_3(aq)]	0.88	35	18
浓氨水[NH_3(aq)]	0.91	25	13.5
稀氨水[NH_3(aq)]	0.96	11	6
稀氨水[NH_3(aq)]	0.99	3.5	2

附录三 常见离子的颜色

1. 无色阳离子

Ag^+，Cd^{2+}，K^+，Ca^{2+}，As^{3+}（在溶液中主要以 AsO_3^{3-} 存在），Pb^{2+}，Zn^{2+}，Na^+，Sr^{2+}，As^{5+}（在溶液中几乎全部以 AsO_4^{3-} 存在），Hg_2^{2+}，Bi^{3+}，NH_4^+，Ba^{2+}，Hg^{2+}，Mg^{2+}，Al^{3+}，Sn^{2+}，Sn^{4+}。

2. 有色阳离子

Mn^{2+} 浅玫瑰色（稀溶液中无色），Fe^{3+} 黄色或红棕色，Fe^{2+} 浅绿色（稀溶液中无色），Cr^{3+} 绿色或紫色，Co^{2+} 玫瑰色，Ni^{2+} 绿色，Cu^{2+} 浅蓝色。

3. 无色阴离子

SO_4^{2-}，PO_4^{3-}，F^-，SCN^-，$C_2O_4^{2-}$，MoO_4^{2-}，SO_3^{2-}，Cl^-，NO_3^-，S^{2-}，$S_2O_3^{2-}$，Br^-，

NO_2^-,ClO_3^-,CO_3^{2-},SiO_3^{2-},HCO_3^-,PbI_4^{2-}。

4. 有色阴离子

$Cr_2O_7^{2-}$ 橙色,CrO_4^{2-} 黄色,CrO_2^- 绿色,MnO_4^- 紫红色,MnO_4^{2-} 绿色,$[Fe(CN)_6]^{3-}$ 红棕色,$[Fe(CN)_6]^{4-}$ 黄绿色,$[CuCl_4]^{2-}$ 黄色。

附录四 国际相对原子质量

国际相对原子质量见附表3。

附表3 国际相对原子质量

原子序数	元素符号	元素名称		相对原子质量	原子序数	元素符号	元素名称		相对原子质量
1	H	氢	Hydrogen	1.008	30	Zn	锌	Zinc	65.39
2	He	氦	Helium	4.003	31	Ga	镓	Gallium	69.72
3	Li	锂	Lithium	6.941	32	Ge	锗	Germanium	72.61
4	Be	铍	Beryllium	9.012	33	As	砷	Arsenic	74.92
5	B	硼	Boron	10.81	34	Se	硒	Selenium	78.96
6	C	碳	Carbon	12.01	35	Br	溴	Bromine	79.90
7	N	氮	Nitrogen	14.007	36	Kr	氪	Krypton	83.80
8	O	氧	Oxygen	15.999	37	Rb	铷	Rubidium	85.47
9	F	氟	Fluorine	18.998	38	Sr	锶	Strontium	87.62
10	Ne	氖	Neon	20.18	39	Y	钇	Yttrium	88.91
11	Na	钠	Sodium	22.99	40	Zr	锆	Zirconium	91.22
12	Mg	镁	Magnesium	24.305	41	Nb	铌	Niobium	92.91
13	Al	铝	Aluminum	26.98	42	Mo	钼	Molybdenum	95.94
14	Si	硅	Silicon	28.09	43	^{99}Tc	锝	Technetium	98.9
15	P	磷	Phosphorus	30.97	44	Ru	钌	Ruthenium	101.1
16	S	硫	Sulfur	32.07	45	Rh	铑	Rhodium	102.9
17	Cl	氯	Chlorine	35.45	46	Pd	钯	Palladium	106.4
18	Ar	氩	Argon	39.95	47	Ag	银	Silver	107.9
19	K	钾	Potassium	39.10	48	Cd	镉	Cadmium	112.4
20	Ca	钙	Calcium	40.08	49	In	铟	Indium	114.8
21	Sc	钪	Scandium	44.96	50	Sn	锡	Tin	118.7
22	Ti	钛	Titanium	47.87	51	Sb	锑	Antimony	121.8
23	V	钒	Vanadium	50.94	52	Te	碲	Tellurium	127.6
24	Cr	铬	Chromium	52.00	53	I	碘	Iodine	126.9
25	Mn	锰	Manganese	54.94	54	Xe	氙	Xenon	131.3
26	Fe	铁	Iron	55.845	55	Cs	铯	Cesium	132.9
27	Co	钴	Cobalt	58.93	56	Ba	钡	Barium	137.3
28	Ni	镍	Nickel	58.69	57	La	镧	Lanthanum	138.9
29	Cu	铜	Copper	63.55	58	Ce	铈	Cerium	140.1

续表

原子序数	元素符号	元素名称		相对原子质量	原子序数	元素符号	元素名称		相对原子质量
59	Pr	镨	Praseodymium	140.9	70	Yb	镱	Ytterbium	173.0
60	Nd	钕	Niobium	144.2	71	Lu	镥	Lutetium	175.0
61	^{145}Pm	钷	Promethium	144.9	72	Hf	铪	Hafnium	178.5
62	Sm	钐	Samarium	150.4	73	Ta	钽	Tantalum	180.9
63	Eu	铕	Europium	152.0	74	W	钨	Tungsten	183.8
64	Gd	钆	Gadolinium	157.3	75	Re	铼	Rhenium	186.2
65	Tb	铽	Terbium	158.9	76	Os	锇	Osmium	190.2
66	Dy	镝	Dysprosium	162.5	77	Ir	铱	Iridium	192.2
67	Ho	钬	Holmium	164.9	78	Pt	铂	Platinum	195.1
68	Er	铒	Erbium	167.3	79	Au	金	Gold	197.0
69	Tm	铥	Thulium	168.9	80	Hg	汞	Mercury	200.6

附录五 常用酸碱指示剂及配制方法

常用酸碱指示剂及配制方法见附表 4。

附表 4 常用酸碱指示剂及配制方法

指示剂	变色范围（pH）	颜色变化	配制方法
百里酚蓝	1.2~2.8	红—黄	加 0.1 g 于 21.5 mL 0.01 mol·L^{-1} NaOH+228.5 mL H$_2$O 中
甲基橙	3.2~4.4	红—黄	加 0.1 g 于 100 mL H$_2$O 中
甲基红	4.8~6.0	红—黄	加 0.02 g 于 60 mL C$_2$H$_6$O+40 mL H$_2$O 中
溴百里酚蓝	6.0~7.6	黄—蓝	加 0.1 g 于 16 mL 0.01 mol·L^{-1} NaOH+234 mL H$_2$O 中
酚酞	8.2~10.0	无色—粉红	加 0.05 g 于 50 mL C$_2$H$_6$O+50 mL H$_2$O 中
酚红	6.6~8.0	黄—红	加 0.1 g 于 28.2 mL 0.01 mol·L^{-1} NaOH+221.8 mL H$_2$O 中
百里酚酞	9.4~10.6	无色—蓝	加 0.04 g 于 50 mL C$_2$H$_6$O+50 mL H$_2$O 中

附录六 常用 pH 缓冲溶液的配制

常用 pH 缓冲溶液的配制见附表 5。

附表 5 常用 pH 缓冲溶液的配制

pH	组分	配制方法
1.7	氯化钾-盐酸	13.0 mL 0.2 mol·L^{-1} HCl 与 25.0 mL 0.2 mol·L^{-1} KCl 混合均匀后,加水稀释至 100 mL
2.3	氨基乙酸-盐酸	在 500 mL 水中溶解氨基乙酸 150 g,加 480 mL 浓盐酸,再加水稀释至 1 L
2.8	一氯乙酸-氢氧化钠	在 200 mL 水中溶解 2 g 一氯乙酸后,加 40 g NaOH,溶解完全后再加水稀释至 1 L
3.6	邻苯二甲酸氢钾-盐酸	将 25.0 mL 0.2 mol·L^{-1} 的邻苯二甲酸氢钾溶液与 6.0 mL 0.1 mol·L^{-1} 的 HCl 混合均匀,加水稀释至 100 mL
4.8	邻苯二甲酸氢钾-氢氧化钠	将 25.0 mL 0.2 mol·L^{-1} 的邻苯二甲酸氢钾溶液与 17.5 mL 0.1 mol·L^{-1} 的 NaOH 混合均匀,加水稀释至 100 mL
5.4	六亚甲基四胺-盐酸	在 200 mL 水中溶解六亚甲基四胺 40 g,加浓 HCl 10 mL,再加水稀释至 1 L
6.8	磷酸二氢钾-氢氧化钠	将 25.0 mL 0.2 mol·L^{-1} 的磷酸二氢钾与 23.6 mL 0.1 mol·L^{-1} NaOH 混合均匀,加水稀释至 100 mL
8.0	磷酸二氢钾-氢氧化钠	将 25.0 mL 0.2 mol·L^{-1} 的磷酸二氢钾与 23.6 mL 0.1 mol·L^{-1} NaOH 混合均匀,加水稀释至 100 mL
9.1	氯化铵-氨水	将 0.1 mol·L^{-1} 氯化铵与 0.1 mol·L^{-1} 氨水按体积比 2:1 混合均匀
10.0	硼酸-氯化钾-氢氧化钠	将 25.0 mL 0.2 mol·L^{-1} 的硼酸-氯化钾与 43.9 mL 0.1 mol·L^{-1} 的 NaOH 混合均匀,加水稀释至 100 mL
11.6	氨基乙酸-氯化钠-氢氧化钠	将 49.0 mL 0.1 mol·L^{-1} 氨基乙酸-氯化钠与 51.0 mL 0.1 mol·L^{-1} 的 NaOH 混合均匀
12.0	磷酸氢二钠-氢氧化钠	将 50.0 mL 0.05 mol·L^{-1} Na$_2$HPO$_4$ 与 26.9 mL 0.1 mol·L^{-1} NaOH 混合均匀,加水稀释至 100 mL
13.0	氯化钾-氢氧化钠	将 25.0 mL 0.2 mol·L^{-1} KCl 与 66.0 mL 0.2 mol·L^{-1} NaOH 混合均匀,加水稀释至 100 mL

附录七 不同温度下水蒸气的压力

不同温度下水蒸气的压力见附表 6。

附表 6 不同温度下水蒸气的压力

温度/ K	压力/ kPa	温度/ K	压力/ kPa	温度/ K	压力/ kPa
273.15	0.610 3	307.15	5.322 9	341.15	28.576
274.15	0.657 2	308.15	5.626 7	342.15	29.852
275.15	0.706 0	309.15	5.945 3	343.15	31.176
276.15	0.758 1	310.15	6.279 5	344.15	32.549
277.15	0.813 6	311.15	6.629 8	345.15	33.972
278.15	0.872 6	312.15	6.996 9	346.15	35.448
279.15	0.935 4	313.15	7.381 4	347.15	36.978
280.15	1.002 1	314.15	7.784 0	348.15	38.563
281.15	1.073 0	315.15	8.205 4	349.15	40.205
282.15	1.148 2	316.15	8.646 3	350.15	41.905
283.15	1.228 1	317.15	9.107 5	351.15	43.665
284.15	1.312 9	318.15	9.589 8	352.15	45.487
285.15	1.402 7	319.15	10.094	353.15	47.373
286.15	1.497 9	320.15	10.620	354.15	49.324
287.15	1.598 8	321.15	11.171	355.15	51.342
288.15	1.705 6	322.15	11.745	356.15	53.428
289.15	1.818 5	323.15	12.344	357.15	55.585
290.15	1.938 0	324.15	12.970	358.15	57.815
291.15	2.064 4	325.15	13.623	359.15	60.119
292.15	2.197 8	326.15	14.303	360.15	62.499
293.15	2.338 8	327.15	15.012	361.15	64.958
294.15	2.487 7	328.15	15.752	362.15	67.496
295.15	2.644 7	329.15	16.522	363.15	70.117
296.15	2.810 4	330.15	17.324	364.15	72.823
297.15	2.985 0	331.15	18.159	365.15	75.614
298.15	3.169 0	332.15	19.028	366.15	78.494
299.15	3.362 9	333.15	19.932	367.15	81.465
300.15	3.567 0	334.15	20.873	368.15	84.529
301.15	3.781 8	335.15	21.851	369.15	87.688
302.15	4.007 8	336.15	22.868	370.15	90.945
303.15	4.245 5	337.15	23.925	371.15	94.301
304.15	4.495 3	338.15	25.022	372.15	97.759
305.15	4.757 8	339.15	26.163	373.15	101.325
306.15	5.033 5	340.15	27.347		

附录八 各种压力下水的沸点

各种压力下水的沸点见附表 7。

附表 7　各种压力下水的沸点

p/kPa	t_b/℃	p/kPa	t_b/℃	p/kPa	t_b/℃	p/kPa	t_b/℃
50.66	80.9	304.0	132.9	1 013.3	179.0	2 533.1	222.9
101.3	100.0	405.3	142.9	1 519.9	197.4		
202.7	119.6	506.6	151.1	2 026.5	211.4		

附录九 水的密度[①]

水的密度见附表 8。

附表 8　水的密度

T/℃	ρ/(g·mL^{-1})	T/℃	ρ/(g·mL^{-1})	T/℃	ρ/(g·mL^{-1})	T/℃	ρ/(g·mL^{-1})
−10	0.998 12	18	0.998 59	60	0.983 21	100	0.958 35
−5	0.999 27	20	0.998 20	70	0.977 78	110	0.950 97
0	0.999 64	25	0.997 04	80	0.971 80		
4	0.999 97	30	0.995 64	85	0.968 62		
5	0.999 96	40	0.992 21	90	0.965 34		
10	0.999 70	50	0.988 04	95	0.961 89		

附录十 标准电极电势(25 ℃)[②]

标准电极电势(25 ℃)见附表 9。

附表 9　标准电极电势(25 ℃)

电对(氧化态/还原态)	电极反应(a 氧化态 $+ne=b$ 还原态)	$\varphi^\ominus$/V
K$^+$/K	K$^+$ + e = K	−2.931

---

① 数据来自 *Lange's Handbook of Chemistry*，并按 1 atm=101.325 kPa 加以换算。
② 由于溶液的酸碱影响许多电对的电极电势，所以一般标准电极电势表分酸表和碱表。表中的标准电极电势除 O_2/OH^- 和 H_2O/H_2 电对的电极电势外，其他皆为酸性溶液中的氢标准电极电势，数据录自 *CRC Handbook of Chemistry and Physics*,77th Ed.,CRC Press,1996—1997。

续表

电对(氧化态/还原态)	电极反应(a 氧化态 $+ne = b$ 还原态)	$\varphi^\ominus$ / V
Ca^{2+} / Ca	$Ca^{2+} + 2e = Ca$	-2.868
Na^+ / Na	$Na^+ + e = Na$	-2.71
Mg^{2+} / Mg	$Mg^{2+} + 2e = Mg$	-2.372
Al^{3+} / Al	$Al^{3+} + 3e = Al$	-1.662
Mn^{2+} / Mn	$Mn^{2+} + 2e = Mn$	-1.185
H_2O / H_2	$2H_2O + 2e = H_2 + 2OH^-$	-0.8277(碱性溶液中)
Zn^{2+} / Zn	$Zn^{2+} + 2e = Zn$	-0.7618
Fe^{2+} / Fe	$Fe^{2+} + 2e = Fe$	-0.447
Cd^{2+} / Cd	$Cd^{2+} + 2e = Cd$	-0.4030
Co^{2+} / Co	$Co^{2+} + 2e = Co$	-0.28
Ni^{2+} / Ni	$Ni^{2+} + 2e = Ni$	-0.257
Sn^{2+} / Sn	$Sn^{2+} + 2e = Sn$	-0.1375
Pb^{2+} / Pb	$Pb^{2+} + 2e = Pb$	-0.1262
Fe^{3+} / Fe	$Fe^{3+} + 3e = Fe$	-0.037
H^+ / H_2	$H^+ + e = (1/2)H_2$	0.000
$S_4O_6^{2-}$ / $S_2O_3^{2-}$	$S_4O_6^{2-} + 2e = 2S_2O_3^{2-}$	$+0.08$
S / H_2S	$S + 2H^+ + 2e = H_2S$	$+0.142$
Sn^{4+} / Sn^{2+}	$Sn^{4+} + 2e = Sn^{2+}$	$+0.151$
SO_4^{2-} / H_2SO_3	$SO_4^{2-} + 4H^+ + 2e = H_2SO_3 + H_2O$	$+0.172$
AgCl / Ag	$AgCl + e = Ag + Cl^-$	$+0.22233$
Hg_2Cl_2 / Hg	$Hg_2Cl_2 + 2e = 2Hg + 2Cl^-$	$+0.26808$
Cu^{2+} / Cu	$Cu^{2+} + 2e = Cu$	$+0.3419$
O_2 / OH^-	$(1/2)O_2 + H_2O + 2e = 2OH^-$	$+0.401$(碱性溶液中)
Cu^+ / Cu	$Cu^+ + e = Cu$	$+0.521$
I_2 / I^-	$I_2 + 2e = 2I^-$	$+0.5355$
I_3^- / $3I^-$	$I_3^- + 2e = 3I^-$	$+0.536$
O_2 / H_2O_2	$O_2 + 2H^+ + 2e = H_2O_2$	$+0.695$
Fe^{3+} / Fe^{2+}	$Fe^{3+} + e = Fe^{2+}$	$+0.771$
Hg_2^{2+} / Hg	$(1/2)Hg_2^{2+} + e = Hg$	$+0.7973$
Ag^+ / Ag	$Ag^+ + e = Ag$	$+0.7996$
Hg^{2+} / Hg	$Hg^{2+} + 2e = Hg$	$+0.851$
NO_3^- / NO	$NO_3^- + 4H^+ + 3e = NO + 2H_2O$	$+0.957$
HNO_2 / NO	$HNO_2 + H^+ + e = NO + H_2O$	$+0.983$
Br_2 / Br^-	$Br_2 + 2e = 2Br^-$	$+1.0873$
MnO_2 / Mn^{2+}	$MnO_2 + 4H^+ + 2e = Mn^{2+} + 2H_2O$	$+1.224$
O_2 / H_2O	$O_2 + 4H^+ + 4e = 2H_2O$	$+1.229$
$Cr_2O_7^{2-}$ / Cr^{3+}	$Cr_2O_7^{2-} + 14H^+ + 6e = 2Cr^{3+} + 7H_2O$	$+1.232$
Cl_2 / Cl^-	$Cl_2 + 2e = 2Cl^-$	$+1.35827$

续表

电对(氧化态/还原态)	电极反应(a 氧化态 $+ne = b$ 还原态)	$\varphi^{\ominus}$ / V
H_2O_2 / H_2O	$MnO_4^- + 8H^+ + 5e = Mn^{2+} + 4H_2O$	+1.507
$S_2O_8^{2-} / SO_4^{2-}$	$H_2O_2 + 2H^+ + 2e = 2H_2O$	+1.776
F_2 / F^-	$S_2O_8^{2-} + 2e = 2SO_4^{2-}$	+2.010
MnO_4^- / Mn^{2+}	$F_2 + 2e = 2F^-$	+2.866

附录十一 一些配离子的稳定常数

一些配离子的稳定常数见附表10。

附表 10 一些配离子的稳定常数

配离子	$K_{稳}^{\ominus}$	$\lg K_{稳}^{\ominus}$	配离子	$K_{稳}^{\ominus}$	$\lg K_{稳}^{\ominus}$
$[Ag(CN)_2]^-$	1.26×10^{21}	21.2	$[Cu(P_2O_7)_2]^{6-}$	1.0×10^9	9.0
$[Ag(NH_3)_2]^+$	1.12×10^7	7.05	$[FeF_6]^{3-}$	2.04×10^{14}	14.31
$[Ag(S_2O_3)_2]^{3-}$	2.89×10^{13}	13.46	$[Fe(CN)_6]^{3-}$	1.0×10^{42}	42
$[AgCl_2]^-$	1.10×10^5	5.04	$[Hg(CN)_4]^{2-}$	2.51×10^{41}	41.4
$[AgBr_2]^-$	2.14×10^7	7.33	$[HgI_4]^{2-}$	6.76×10^{29}	29.83
$[AgI_2]^-$	5.50×10^{11}	11.74	$[HgBr_4]^{2-}$	1.0×10^{21}	21.00
$[Ag(py)_2]^+$	1.0×10^{10}	10.0	$[HgCl_4]^{2-}$	1.17×10^{15}	15.07
$[Co(NH_3)_6]^{2+}$	1.29×10^5	5.11	$[Ni(NH_3)_6]^{2+}$	5.50×10^8	8.74
$[Cu(CN)_2]^-$	1.00×10^{24}	24.0	$[Ni(en)_3]^{2+}$	2.14×10^{18}	18.33
$[Cu(SCN)_2]^-$	1.52×10^5	5.18	$[Zn(CN)_4]^{2-}$	5.0×10^{16}	16.7
$[Cu(NH_3)_2]^+$	7.24×10^{10}	10.86	$[Zn(NH_3)_4]^{2+}$	2.87×10^9	9.46
$[Cu(NH_3)_4]^{2+}$	2.09×10^{13}	13.32	$[Zn(en)_2]^{2+}$	6.76×10^{10}	10.83

附录十二 一些常见弱电解质的解离常数(298.15 K)

一些常见弱电解质的解离常数(298.15 K)见附表11。

附表 11 一些常见弱电解质的解离常数(298.15 K)

电解质	化学式	解离平衡	解离常数
醋酸	CH_3COOH	$CH_3COOH \rightleftharpoons H^+ + CH_3COO^-$	$K_a = 1.74 \times 10^{-5}$
碳酸	H_2CO_3	$H_2CO_3 \rightleftharpoons H^+ + HCO_3^-$ $HCO_3^- \rightleftharpoons H^+ + CO_3^{2-}$	$K_{a1} = 4.47 \times 10^{-7}$ $K_{a2} = 4.68 \times 10^{-11}$

续表

电解质	化学式	解离平衡	解离常数
氢硫酸	H_2S	$H_2S = H^+ + HS^-$ $HS^- = H^+ + S^{2-}$	$K_{a1} = 8.91 \times 10^{-8}$ $K_{a2} = 1.0 \times 10^{-19}$
草酸	$H_2C_2O_4$	$H_2C_2O_4 = H^+ + HC_2O_4^-$ $HC_2O_4^- = H^+ + C_2O_4^{2-}$	$K_{a1} = 5.89 \times 10^{-2}$ $K_{a2} = 6.46 \times 10^{-5}$
磷酸	H_3PO_4	$H_3PO_4 = H^+ + H_2PO_4^-$ $H_2PO_4^- = H^+ + HPO_4^{2-}$ $HPO_4^{2-} = H^+ + PO_4^{3-}$	$K_{a1} = 6.92 \times 10^{-3}$ $K_{a2} = 6.17 \times 10^{-8}$ $K_{a3} = 4.79 \times 10^{-13}$
氨	NH_3	$NH_3 + H_2O = NH_4^+ + OH^-$	$K_b = 1.78 \times 10^{-5}$
苯胺	$C_6H_5NH_2$	$C_6H_5NH_2 + H_2O = C_6H_5NH_3^+ + OH^-$	$K_b = 4.2 \times 10^{-10}$

附录十三 一些常见物质的溶度积(298.15 K)

一些常见物质的溶度积(298.15 K)见附表12。

附表 12 一些常见物质的溶度积(298.15 K)

难溶物质	溶度积	难溶物质	溶度积
AgCl	1.77×10^{-10}	$Fe(OH)_3$	2.64×10^{-39}
AgBr	5.35×10^{-13}	$Fe(OH)_2$	4.87×10^{-17}
AgI	8.51×10^{-17}	$Mg(OH)_2$	5.61×10^{-12}
Ag_2CrO_4	1.12×10^{-12}	$Mn(OH)_2$	2.06×10^{-13}
Ag_2S	$6.69 \times 10^{-50} (\alpha)$ $1.09 \times 10^{-49} (\beta)$	MnS ZnS	4.65×10^{-14} 2.93×10^{-25}
CuS	1.27×10^{-36}	CdS	1.40×10^{-29}

参考文献

[1] 西北工业大学普通化学教学组.普通化学[M].西安:西北工业大学出版社,2023.

[2] 西北工业大学普通化学教研室.大学化学实验[M].3版.西安:西北工业大学出版社,2013.

[3] 欧植泽.无机化学实验[M].西安:西北工业大学出版社,2019.

[4] 浙江大学普通化学教研组.普通化学[M].6版.北京:高等教育出版社,2011.

[5] 北京大学化学与分子工程学院普通化学实验教学组.普通化学实验[M].3版.北京:北京大学出版社,2012.

[6] 杨勇,顾金英,温鸣,等.普通化学实验[M].上海:同济大学出版社,2009.